智能物联网

区块链与雾计算融合应用详解

Secure and Smart
Internet of Things (IoT)

Using Blockchain and Artificial Intelligence (AI)

［美］艾哈迈德·巴纳法（Ahmed Banafa）　著

马丹 老白 沈绮虹　译

人民邮电出版社

北京

图书在版编目（CIP）数据

智能物联网：区块链与雾计算融合应用详解 ／（美）
艾哈迈德·巴纳法（Ahmed Banafa）著；马丹，老白，
沈绮虹译. -- 北京：人民邮电出版社，2020.8（2022.8重印）
ISBN 978-7-115-53833-8

Ⅰ. ①智… Ⅱ. ①艾… ②马… ③老… ④沈… Ⅲ.
①电子商务－支付方式－应用－互联网络－研究②电子商
务－支付方式－应用－智能技术－研究 Ⅳ. ①TP393.4
②TP18

中国版本图书馆CIP数据核字(2020)第065672号

版 权 声 明

内 容 提 要

本书探讨了物联网的现状和未来发展趋势，以及所面临的相关安全问题。作者艾哈迈德·巴纳法（Ahmed Banafa）教授将区块链、人工智能和雾计算等新技术引入物联网安全问题的解决方案当中，向我们展示了这些新技术通过融合解决物联网安全问题的可能性。在本书中，作者就如何保护物联网的安全发展也给出了自己的一些建议，同时就目前人们对区块链技术的一些误解给出了解释，并提出了合理应用区块链技术的一些建议。

本书适合对物联网、人工智能、区块链及雾计算等新技术感兴趣的读者阅读。

- ◆ 著　　　[美]艾哈迈德·巴纳法（Ahmed Banafa）
  译　　　马　丹　老　白　沈绮虹
  责任编辑　郎静波
  责任印制　陈　犇
- ◆ 人民邮电出版社出版发行　　北京市丰台区成寿寺路 11 号
  邮编　100164　电子邮件　315@ptpress.com.cn
  网址　https://www.ptpress.com.cn
  北京虎彩文化传播有限公司印刷
- ◆ 开本：700×1000　1/16
  印张：10.25　　　　　2020 年 8 月第 1 版
  字数：91 千字　　　　2022 年 8 月北京第 3 次印刷
  著作权合同登记号　图字：01-2019-3824 号

定价：49.00 元
读者服务热线：(010)81055410　印装质量热线：(010)81055316
反盗版热线：(010)81055315
广告经营许可证：京东市监广登字 20170147 号

序　1

物联网将会把工厂、办公室和家中的一切智能设备都接入互联网，创造出一个万物互联的新世界。想象一下，一个体内有心脏起搏器的司机，正开着自动驾驶状态下的汽车穿过一个装有智能交通信号灯的路口。此时，每个联网的智能设备都可能成为黑客的攻击目标，对司机造成安全威胁。当设备制造商进行设备的远程无线升级时，这些设备也可能会被黑客入侵。

区块链提供的分布式账本技术，依靠加密算法的安全性可以防止信息被篡改，保证人人皆可透明地访问所需的信息。

区块链技术应用于物联网系统，可使跟踪设备的每个接入点成为可能，从而确保系统的安全性。区块链可提高供应链和物流作业流程的透明度，让产品从原产地到终端的运送过程一目了然。你甚至可以知道自己正喝着的咖啡是哪个农场生产的。区块链技术还将成为矿山、医院以及电网等关键基础设施的安全屏障。

在过去的几年里，我亲眼见证了巴纳法教授对物联网的热情。他深入研究物联网的相关技术，在写文章、做讲座和开展教学时尤为关注工业物联网的发展。

　　巴纳法教授在本书中深入浅出地介绍了如何综合应用区块链和人工智能等新技术来确保物联网的安全。相信本书会对物联网的从业者有很大的指导作用。

　　　　　　　　　　　　　　—— 苏达·贾姆（Sudha Jamathe）
　　　　　　　　　　　　斯坦福大学物联网和自动驾驶课程讲师

序 2

我们生活在一个激动人心的时代，新技术的出现使我们可以重新界定这个世界。物联网、人工智能、区块链、虚拟现实、雾计算等新兴技术的出现，使当代人能将在过去被认为是天方夜谭的事情变为现实。这种转变将体现在我们生活中的方方面面。未来，新兴技术的融合会对人们的生活方式产生巨大的影响。

伴随着新技术共同产生的网络安全漏洞，迫使人们直面隐私和相关的安全问题。然而，人们不会被这些问题难倒，并总能找到新的解决方法。区块链就不失为一种精妙的解决方法，它能提供一个安全和无须信任的去中心化框架。人们在此基础上有望构建一个固若金汤且透明可见的网络环境。

巴纳法教授所著的《智能物联网：区块链与雾计算融合应用详解》一书中，介绍了多种新技术的融合发展趋势。这些技术的融合驱动了人工智能从云计算走向边缘计算。我与巴纳法教授相识多年，十分钦佩他将学术理论与行业应用结合的能力。巴纳法教授对技术发展的预测也非常准确。在本书中，他分享了宝贵的技术见解，这对于想要了解技术发展趋势，却又不得其法的创业者将大有裨益。

我给各位读者的建议是把书中探讨的新技术与自身的工作相结合，试着去发现它们是如何在新世界的建设进程中起到重要作用的。

—— 苏迪尔·卡丹（Sudhir Kadam）

硅谷区块链技术专家

序 3

巴纳法教授在物联网和网络安全方面有丰富的研究经验。他所著的《智能物联网：区块链与雾计算融合应用详解》一书，探讨了一度被科幻小说家们称为"天网"的物联网技术。目前，物联网技术以极快的速度演进、融合并创造出了一个庞大的智能网络。

据专家估计，2020 年，随着物联网革命的到来，全球会有约 280 亿台物联网设备。无处不在的物联网设备犹如一场寒武纪物种大爆炸：一个前所未有的发展机遇和由此引发的网络问题将同时出现。在这场技术变革中，准确把握网络安全风险及设备制造商面临的形势和任务是至关重要的。

想象一下，若恶意攻击者控制了一辆汽车的自动驾驶系统，会出现怎样的混乱局面。更有甚者会攻击联网的医疗设备以获取患者的隐私信息，这些事情想想就让人不寒而栗。

毫无疑问，令人毛骨悚然的网络犯罪将不再是科幻小说中的情节，而会变为现实生活中可能发生的真实事件。幸运的是，巴纳法教授替我们做了大量的研究，提出了一种有效的方法来应对这一可怕的局面。不论你是谁，《智能物联网：区块链与雾计算融合应用详解》都值得仔细阅读！

—— 阿布德·库里尼（Abood Quraini）

NVIDIA 高级硬件工程师

前　言

据专家估计，2020 年将有多达 280 亿台设备接入到互联网。其中只有三分之一是计算机、智能手机、智能手表和平板电脑，剩下的三分之二将是家用电器、汽车、机械设备、城市基础设施中的传感器和许多在过去无法连接到互联网的设备。

早期的互联网实现了计算机到网络的连接，移动互联网实现了人与人、人与网络的连接，现在物联网似乎已经准备实现科幻小说家笔下的情节，将人、传感器、智能设备全部互联起来。

简而言之，物联网带来的是人、物以及数据的融合。它正改变着我们生活和工作的方方面面。本书对物联网进行了多方面的探讨，并用深入浅出的语言解释了物联网的诸多复杂原理以及物联网技术与包括雾计算、人工智能和区块链等新技术融合应用的最新进展。

本书分为 6 个部分。

第一部分　什么是物联网

第二部分　物联网实施和标准化所面临的挑战

第三部分　保护物联网

第四部分　区块链、人工智能、雾计算与物联网的融合发
　　　　　展趋势

第五部分　物联网的未来

第六部分　深入了解区块链

如果有读者想要深入了解物联网以及它在商业中的应用，那么这本书正是为你们所写的。我所指的"你们"包括企业的管理者、产品经理、市场营销人员、律师和学生。

目 录

第一部分 什么是物联网

第二部分　物联网实施与标准化所面临的挑战

第三部分　保护物联网

第一部分
什么是物联网

第1章

物联网：第三次浪潮

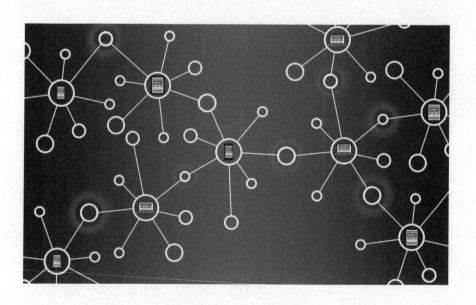

物联网即"万物相连的互联网"，是在互联网基础上延伸和扩展的网络，可将各种信息传感设备与互联网结合起来形成一个巨大的网络，实现在任何地点、任何时间，人、机、物的互联互通。这些接入网络的设备拥有可以与外部环境交互的嵌入式技术。换句话说，当一个设备能够像智能恒温器一样感知环境的变化并和人类交互时，它就会改变一个决策的发起者作出决策的方式。

物联网的崛起成了互联网发展的第三次浪潮。20世纪90年代的 PC 互联网浪潮连接了 10 亿用户，而后 21 世纪初的移动互联网浪潮又将 20 亿用户连接了起来。目前，物联网已将从手环到汽车等设备都接入互联网，并有望将互联网的连接数量增加 10 倍。而连接各种设备的传感器、处理器和带宽成本的降低使得这种无处不在的连接在当下成为可能。高盛发布的全球投资研究报告中指出：智能手表和智能恒温器等智能产品将越来越受到人们的青睐。

物联网具有与传统互联网区别开来的关键特征：感应、高效、网络化、专业化、无处不在。这些特征无疑会改变技术演进的方向，对科技公司产生重大影响，就像从 PC 互联网（代表企业：英特尔、戴尔等）过渡到移动互联网（代表企业：高通、苹果等）一样。

一系列重大的技术突破汇集在一起，让物联网的兴起成为可能。以下列举其中的一些主要的技术突破。

◆ 廉价的传感器：单个传感器的价格从 10 年前的约 1.3 美元降至现今的 60 美分左右。

◆ 廉价的带宽：带宽成本也急剧下降，在过去 10 年中下降了近 97.5%。

◆ 廉价的处理器：处理器的成本在过去 10 年中下降了近 98.3%，使得更多设备不仅可以被连接，而且也使得这些设备变得更加智能，知道如何处理所有它们正在生成或接收的最新数据。

◆ 智能手机：智能手机正成为人们接入物联网的入口，担任着家庭智能终端、汽车以及越来越多的消费者开始佩戴的健身手环等智能设备的控制装置。

◆ 无处不在的无线 Wi-Fi 网络：无线 Wi-Fi 网络覆盖范围不断扩大，且以极低的价格在消费者中间迅速普及。

◆ 大数据：物联网将产生大量的非结构化数据，因此大数据分析的普及也是推动物联网快速发展的关键因素之一。

◆ IPv6 协议：大多数网络设备现在都支持 IPv6 协议。IPv6 是旨在取代 IPv4 的最新版本的互联网基础协议。IPv4 支持 32 位的地址，可生成大约 43 亿个地址，其中绝大部分的地址已经被全球范围内所有接入互联网的设备占用。相比之下，IPv6 支持 128 位的地址，可生成大约 3.4×10^{38} 个地址。这几乎是一个无穷大的数字，可以为所有可能接入物联网的设备提供足够多的地址。

许多智能设备，比如笔记本电脑、智能手机和平板电脑，通过 Wi-Fi 实现相互通信。智能家居技术将这些能力转移到普通家用电器中，如冰箱、洗衣机、微波炉、恒温器、门锁等，让它们也拥有自己的芯片、软件并接入互联网，逐渐变得智能起来。

物联网使小的智能设备开始通过网络相互交互。AllJoyn 开源项目是由一个致力于普及物联网的非营利组织开发并维护的。它可确保思科、夏普和松下等公司生产的智能家居产品间能够彼此交互。

这些高度网络化的智能家居产品的优势是可为人们提供高效且高质量的服务。例如，联网的个人健康类智能设备可以很容易地让医生对患者进行健康监测。患者的医生可以监测患者的药物摄入量、血压和血糖，并在患者的身体出现问题前及时提醒他们。

在节能方面，联网的智能电器可以根据用户的使用习惯与实际需求提出最佳的解决方案。例如在业主到家之前空调自动开启使室内达到理想的温度，而每当业主外出度假时室内照明系统会通过自动打开和关闭电灯的方式创造屋内有人的假象，以防止窃贼乘虚而入。

另一方面，智能冰箱可以基于用户的历史购买行为和偏好在食材快要用完前给出新的采购建议。可穿戴设备也是物联网的一部分，它们可以获得人们的睡眠质量、血糖水平以及血压等数据，并将这些数据实时地展现给人们，以便人们制定更加合理的运动计划。

物联网面临的最大问题是用户隐私泄露和自身的安全问题。智能家居设备会记录有关用户的大量数据，而且其中许多是涉及用户隐私的。这些数据包括个人日程安排、购物习惯、药物摄入时间表，甚至用户在任何给定时间的位置。如果这些数据被滥用，可能会对用户构成极大的威胁。

另一个缺点是大多数设备尚未准备好与不同品牌的设备通信。虽然 AllJoyn 开源项目较好地解决了跨品牌智能设备间的通信问题，但是现在这些智能设备与其"通用遥控器（比如手机）"的磨合仍处于起步阶段。

第2章

工业物联网：挑战和优势

智慧世界的愿景为带有传感器和本地处理能力的智能设备相互连接以实现信息共享，从而提升各行各业的效率。这些智能设备帮助企业连接全球范围内的用户，并帮助用户作出更明智的决策。智慧世界的构想被赋予了诸多标签，其中最普遍的一个标签是物联网。物联网涵盖了从智能家居、智能移动健身设备，到包含智慧农业、智慧城市、智慧工厂的工业物联网中的所有内容。

2.1　什么是工业物联网

工业物联网是由物理设备、系统平台和应用程序组成的网络，可使工厂内的设备能与其他设备、外部环境以及用户之间相互通信并共享数据。工业物联网的发展取决于传感器、处理器和其他技术可用性的提高和工厂内设备性能的改善。这些传感器、处理器和相关技术可以帮助人们实时访问和获取相关的生产信息。

工业物联网可以描述为众多相互连接的工业系统，它们之间互相通信并共享数据分析结果与操作步骤，从而提高工业生产效率并造福整个社会。这些系统与大数据解决方案结合在一起，可以使人们通过数据分析获得更深刻的见解。

不妨想象一下可以根据所处的环境，甚至是自身"健康状况"进行自动调整的工业系统。机器可以提前安排自身的维护，而不是出现故障了再维护，或者更厉害的是动态调整控制算法，以补偿各个零件的磨损，然后将这些数据传送给其他机器以及控制这些机器的相关工作人员。工业物联网通过对生产数据的采集与分析使机器变得更加智能，从而让人们可以用以前无法想象的方式解决生产中的问题。但是，如果这很容易，每个人都会去做。随着创新的深入，系统的复杂性也在快速增加，这使得工业物联网的落地面临着任何一家公司都无法独自应对的巨大挑战。

从根本上讲，工业物联网就是大量相互连接的工业系统，它们可以相互通信和协调其生产数据与操作方法，从而提高产品质量和生产效率，减少或消除停机时间。一个典型的例子是工厂地板上可以检测机器设备运行中的细微变化的智能设备，它可确定机器组件发生故障的可能性，然后在该组件发生故障之前安排人员进行维护，从而规避因计划之外的停机而造成数百万美元的损失。

工业物联网领域的可能性几乎是无限的：更智能、更高效的工厂，可优化能耗的自调节建筑，可智能调整交通以应对拥堵的智慧城市等。当然这些领域中应用的落地都将面临不小的挑战。

消费级物联网与工业物联网的主要区别在于，消费级物联网通常侧重于为单个消费者提供便利的服务，而工业物联网则专注于提高生产的效率和安全性，侧重于投资回报率。机器对机器的通信技术（M2M）是工业物联网的子集，它通常侧重于机器间的通信，而工业物联网则将其扩展到包括机器与人及其他基础设施之间的通信。工业物联网旨在使机器更高效，更易于监控。

2.1.1　工业物联网面临的挑战

工业物联网面临以下挑战（见图 2.1）。

- ◆ 精密度
- ◆ 适应性和可扩展性
- ◆ 安全性
- ◆ 维护和更新
- ◆ 灵活性

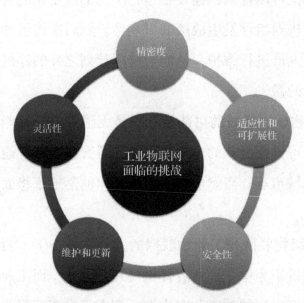

图 2.1　工业物联网面临的挑战

2.1.2　工业物联网的必要条件

工业物联网需具备以下的必要条件（见图 2.2）。

◆ 云计算

◆ 随时随地访问

◆ 安全性

◆ 大数据分析

◆ 用户体验

◆ 资产管理

◆ 智能设备

云计算　随时随地访问　安全性　大数据分析　用户体验　资产管理　智能设备

图 2.2　工业物联网的必要条件

2.1.3　工业物联网的优势

工业物联网具备如下几个主要优势（见图 2.3）。

◆ 预测设备的维护期并可实现设备的远程管理，极大地
提高了工厂的运行效率（例如增加了设备的正常运行
时间，提高了资产的利用率）。

◆ 由软件驱动的服务推动需求导向型经济的发展，并催

生更多的硬件创新。使工业系统的产品生产流程对客户和合作伙伴有更高的透明度。

◆ 新的工业物联网生态系统，可让传统行业通过软件平台进行高效融合。

◆ 人与设备之间的高效协作将带来前所未有的生产力水平和更具吸引力的工作体验。

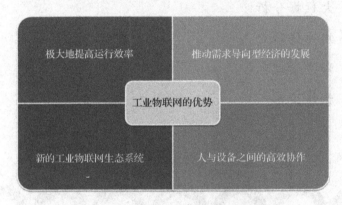

图 2.3　工业物联网的优势

2.2　工业物联网的未来

埃森哲估计，至 2030 年工业物联网可以使全球经济总量增加 10 万亿美元以上。如果相关公司采取比现在更加积极的行动，并在创新和技术迭代上进行更多的投资，那么这个数字可能会更高。

好消息是，至少在最有远见的那些公司中，工业物联网已经得到了应用。工业物联网面临的挑战是其他大多数企业还没有准备好下定决心参与其中。根据埃森哲对 1 400 多名商业领袖的调查，虽然有 36% 的调查对象声称他们完全掌握了工业物联网的应用，但是仅有 7% 的调查对象制定了综合性的工业物联网发展战略，并进行了相应的投资。

造成以上结果的原因之一是，迄今为止除了提高工厂的生产效率，工业物联网可以做的事情还远远不够，其还无法为所在企业开创全新的增值服务、业务模式和收入来源。

目前，企业在应用工业物联网以减少运营费用，提高生产率，增强工人的人身安全等方面取得了进展。例如，无人机可用于远程监控管道，智能钻探设备可以提高矿井的生产效率。尽管这些应用很有价值，但它们还是使人联想起早期的互联网，当时的新技术也是主要局限于工作流程的加速。未来，通过人工智能的赋能，智能的工业物联网应用还可以为企业带来更多的增长、创新与价值。

设想一下，一家建筑公司根据为建筑物所有者提供的节能方案收取费用，以及飞机引擎供应商因减少性能问题而导致的航班延误得到航空公司的奖励。因为与飞机引擎性能相关的数据会在飞机仍处于飞行状态时传至引擎供应商开发的检测程序中，从而达到自动安排维护并订购备件的效果。有了工业物联网，就不会再有飞机失踪的情况发生，有关飞机的信息将是实时且最新的，对黑匣子的需求也将会减少。以上这些产品与服务均可为客户提供全新的价值。

这种业务转型也将对就业市场产生重大影响。显然，工业物联网将数字化那些迄今为止一直抵制自动化的工作。但是，接受我们调查的绝大多数企业高管认为，工业物联网会是工作机会的创造者。也许更重要的是，随着技术的发展，员工现有的日常工作内容将被未来更具吸引力的工作内容所代替。随着企业的重心从产品转移到客户，将需要知识密集型的员工来处理各种异常情况并进行解决方案的定制。企业各团队中的员工将能够在更加自发且需及时响应的环境中进行协作、创造和试验。

物联网带来的商业模式的转变可以与电力的出现相提并论。从街道照明到建立电网，人们花了数十年的时间。美国首先抓住这一机会，并通过电力的应用推动了整个经济的快速发展。这帮助美国发展并领导了后来的许多行业创新——家用电器、半导体、软件和互联网。

第 3 章

物联网：隐私和安全性

物联网为消费者带来了许多好处，并有可能从根本上改变消费者与智能设备的互动方式。将来，物联网可能会以目前难以理解的方式将虚拟世界和物理世界融合在一起。从安全和隐私的角度来看，可预见到人们会广泛使用传感器。这些带传感器的设备会放在私密的空间（例如家庭住房、汽车等）中，有些甚至可以放进身体内部。这样就带来了特殊的挑战，随着日常生活中越来越多的设备持续监测与用户相关的活动并对外分享对应的数据，消费者将会越来越想获得隐私。

未来，我们生活中的物联网设备将会比手机更加普及，这些设备可以访问最敏感的个人数据，例如身份证号码和银行卡信息，同时设备的数量也会呈指数级增长。家庭或企业中的多个物联网设备互联时，原先只是单台设备（例如手机）上的几个安全问题可能会迅速变为50个或60个安全问题。考虑到物联网设备所访问数据的敏感性，了解这其中的安全风险至关重要。

美国联邦贸易委员会曾表示，许多物联网设备的体积小且自身处理能力有限，导致其进行数据加密和应用其他安全措施的效果不佳。对一些低成本且基本上是一次性的物联网设备来说进行安全方面的缺陷补救也并不现实。思科公司的研究数据显示，未来几年智能设备的增长将会达到高峰。

尽管物联网会带来可观的商业效益，同时也能满足消费者的新需求，但是物联网设备的增加也为黑客和其他网络犯罪分子提供了更多潜在的攻击目标。越多设备在线，就有越多设备需要保护。不过，物联网系统通常并不注重自身的网络安全。随着网络犯罪分子对物联网的熟悉，用户数据泄露事件只会越来越多。

从自助泊车、智能家居系统再到可穿戴智能设备，越来越多的物联网设备会出现在我们的生活中，物联网的安全问题将很快成为一个棘手的难题。

谷歌前首席执行官埃里克·施密特在 2015 年 1 月于瑞士达沃斯举行的世界经济论坛上对世界各国领导人说："如此多的传感器，如此多的智能设备，它们将无处不在，而您甚至对此毫无感知。物联网设备将成为人们生活当中不可或缺的一部分。"

在移动互联网时代，手机的安全性问题已经成为人们不得不面对的一个挑战。试想有 10 台物联网设备互联且始终在线时，这其中的安全问题会变得多么严重。情况远比这一假设复杂得多，随着物联网的发展，数十亿台设备在线互联，而每台设备都可能存储着某个公司或个人的重要数据。

3.1 物联网面临的威胁

物联网的普及会给隐私保护和信息安全带来威胁。物联网的安全问题广泛而严重，甚至会对整个互联网产生破坏性的影响。在工业间谍活动以及黑客攻击中，物联网作为重要的基础设施，很容易被当成目标。此外，因为物联网的使用，个人信息会驻留在网络上，其中的用户隐私数据会成为网络犯罪分子的目标。

在探讨物联网的安全性时，需要注意的是物联网仍是一项发展中的事物。目前，万物都在联网，这一情况还将继续发展，在此基础上，设备间的数据共享和自主机器操作将会出现，而且整个过程完全不需要人为干预。这种完全自动化的操作如被黑客操控则会对国家基础设施、环境、电力、水和食物供应等带来实实在在的安全威胁。在万物互联的情况下，各台设备都是其中的一部分。由于物联网设备通常安装在恶劣的环境中，设备并不具备物理上的安全性，获得控制权的人立即就能访问这些设备，之后可对其上的数据进行拦截、读取或更改，还能控制并更改此设备的功能。这些情况的发生不断加大着物联网的安全风险。

3.2　威胁是真实存在的

最近，一位物联网安全研究人员侵入了两辆汽车的控制系统，远程禁用了刹车、关闭了车灯，接着又恢复了刹车功能，在此过程中驾驶员对此毫无办法。研究人员还入侵了一艘豪华游艇的控制系统，篡改了其上的 GPS 信息，导致游艇偏离原定的航道。

物联网中家用智能设备的防护能力也很薄弱，黑客可以篡改暖气、照明、电源和门锁中的数据。黑客通过无线网络和传感器成功入侵工业控制系统的情况也屡有发生。

VNet Security LLC 安全咨询公司的负责人保罗·亨利（Paul Henry）称，电视机和摄像机以及儿童监视器也会被入侵，从而导致严重的隐私安全问题，甚至电表也会被黑客入侵用以窃取电力。最近有文章谈到了"入侵灯泡"。我可以想象，会有一种蠕虫病毒可大量入侵这些联网的设备，并将它们重联到某种僵尸网络中。请记住，发起攻击的黑客们想要的不仅是控制用户的设备，而是要将这些设备的联网带宽用于他们的 DDoS（分布式拒绝服务）攻击。最大的问题是用户不重视物联网设备的安全性。如果一个僵尸网络上接入了 1 亿台物联网设备，想一想，若这些设备同时向您的公司网站发起访问会导致什么样的结果。

专家认为，物联网带来的安全挑战将是独特的，甚至是极为复杂的。随着设备自动化运行程度越来越高，设备之间会有越来越多的信息交互，其运行结果也将直接影响着我们所处的物理世界。比如，股票自动交易软件如果陷入一个异常循环，其结果可能会导致股票市场大跌。尽管系统可能内置了异常监控功能，但代码都是由程序员编写的，而程序员是可能犯错的，尤其是当代码用于高频交易的场景时。

如果黑客入侵电网并关闭了城市某个区域的所有电灯，这也许对一些来人来说没什么大不了的，但是对那些身处地铁站中的成千上万的乘客来说，突然没有照明其后果是不堪想象的。正是因为有了物联网，虚拟世界与物理世界得以交互，而这也将带来许多重大的安全问题。

3.3 我们能做些什么

在物联网相关技术发展的同时，安全问题也将始终存在。只有好的安全工具才可以增强物联网的安全性，这包括使用相应的数据加密方案、安全性更强的用户身份验证方法、更具弹性的编码方式，并且使用标准化和经过测试的应用程序接口。

弗吉尼亚理工大学安全实验室主任兰迪·马尔卡尼（Randy Marchany）认为有些安全工具会直接作用于已连接设备。物联网中的便携式办公设备的安全问题与传统计算机相同。但是，物联网设备通常不具备自我防御能力，需要依靠专门的设备来解决安全问题，比如防火墙和入侵检测系统。事实上，设备自身通常都缺少安全工具，即使有也会出现未及时进行更新的情况，和其他类型的安全方案相比，物联网中涉及的安全工作难度更大。物理安全可能是个更大的问题，因为物联网设备通常安装在露天或偏远地区，任何人都可以直接连到设备上，而一旦有人直接连到了这些物联网设备上，带来安全问题的可能性将会急剧增加。提供物联网设备的供应商，极有可能没有在设计设备时考虑并解决此类安全问题。从长远来看，企业高管应该要求供应商确认他们的产品不易受到常见攻击方法的威胁。企业的安全主管应要求供应商列出存在于其设备上的已知漏洞，这也将变成采购流程中必不可少的一步。

安全性是物联网系统不可或缺的，故需要将严格的有效性检查、身份验证和数据验证作为构建物联网系统的基础。在应用层，软件开发团队需要编写稳定、有弹性和可信赖的代码，并提供更好的代码开发标准、培训、威胁分析和测试。当系统间需要交互时，一个安全有效且已达成共识的互操作标准就显得至关重要。如果没有可靠的自上而下的安全解决方案，每添加一台物联网设备都会带来更多的威胁。我们需要的是安全可靠且具备隐私保护功能的物联网。这其中的权衡是艰难的，尽管并不容易，但并非没有可能实现。

第 4 章

物联网：不仅仅是智能"硬件"

物联网有望用只有科幻小说家才能想象的方式将人员、环境、虚拟对象和机器设备互联起来。

此时要问的一个常见的问题是，物联网中机器之间的不同之处已经存在了数十年，物联网仅仅是为机器分发 IPv6 地址，还是真的会带来革命性的创新？

要回答这个问题，你需要知道机器对机器的通信（M2M）多建立在专有的封闭系统上，旨在实时安全地传输数据，并且主要用于自动化控制。

它的目标是建立单点解决方案（例如使用传感器监控油井），通常由设备购买者部署，并且很少与企业应用程序高度集成以帮助改善企业的运行效率。

相反，物联网在构建时就考虑了互操作性，旨在将传感器、生产设备、数据分析能力集成在一起，为企业的生产、运营以及维护供应商和客户关系提供前所未有的支持。因此，物联网作为一种"工具"，对于企业不同部门的工作人员而言可能会变得非常重要。

换句话说，当一个设备可以感知外部环境并和人们交流时，它就有可能会改变人们的决策方式。

由于已经开始或即将受到物联网影响的行业范围很广，将物联网定义为统一的"市场"是不正确的。相反，从抽象的意义上讲，它是将在不同时间点席卷许多行业的技术浪潮。物联网将成为互联网发展的第三次浪潮，其有望将 200 亿个物联网设备接入到互联网，范围从手环到汽车应有尽有。

传感器成本的大幅度降低、处理能力的快速提升和连接设备带宽的突破使得当前无处不在的连接成为可能。如高盛全球投资研究报告中指出，诸如智能手表和恒温器之类的智能产品已开始受到广泛关注。

物联网具有区别于传统互联网的关键属性：感知、高效、网络化、专业化、无处不在（见图4.1）。这些属性将会改变技术开发和采用的方向，对科技公司产生重大影响。

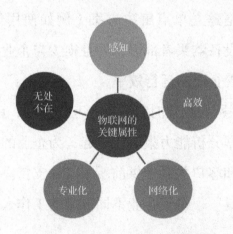

图 4.1　物联网的关键属性

4.1　物联网的机遇

国际数据公司研究部高级副总裁弗农·特纳（Vernon Turner）表示："物联网将使企业的信息技术部门面临很多挑战。因为企业必须解决每一个信息技术问题，以有效平衡来自连接到企业网络中的设备所产生的海量数据。此外，物联网将推动企业的组织结构变革，以使员工能够更容易地从海量数据中洞察出用户新的需求，从而创造出更具竞争力的产品。"

物联网正在将现代制造业转变为市场需求导向型的生产模式。自互联网诞生以来，制造业已经发生了很多变化，并且随着互联网连接性和覆盖范围的扩大，其将会有更多变化发生。

迄今为止，围绕物联网的新闻更多地集中在家庭、消费者和可穿戴设备等领域，并且倾向于掩盖物联网为工业和企业带来的巨大变革。面向消费者的物联网设备实际上是一个新机遇，目前尚没有太多的同类产品，也没有出现能主导相关行业标准的供应商。创建面向消费者的智能物联网产品所需的技术和解决方案在工业生产领域也具有极大的应用潜力。

4.2　物联网的价值链

物联网的价值链极其复杂且涉及许多行业，包括硬件供应商、网络运营商、软件供应商、系统集成商等。由于这种复杂性，很少有公司能够靠一己之力解决所有的相关问题。

4.3　物联网的可预测性

国际数据公司（IDC）的研究数据显示，物联网在未来几年将在多个方向经历高速增长。

4.3.1　物联网和云计算

未来 5 年内，随着云计算降低了支持物联网"数据融合"的成本，90% 以上的物联网数据将托管在服务提供商的平台上。

4.3.2　物联网的安全性

未来两年内，基于物联网的安全漏洞将大量出现，尽管许多漏洞将被视为为用户带来的"不便"，但许多企业的首席信息安全官将被迫采用新的物联网解决方案。

4.3.3　物联网的边缘性

未来，40% 的物联网数据将进行边缘存储、处理、分析并反馈至设备采取相应的行动。

4.3.4　物联网和网络容量

在未来 3 年内，有 50% 的公司网络将不再拥有支持额外物联网设备的能力，近 10% 的公司网络将不堪重负。

4.3.5　物联网和非传统基础设施

90% 的数据中心和企业管理系统将迅速采用新的业务模型来管理非传统的基础设施。

4.3.6　物联网的垂直多元化

如今，超过 50% 的物联网活动集中在制造业、交通运输业、智慧城市和消费者的手机应用程序上，但是在未来 5 年内，绝大多数行业都将推出与物联网相关的发展计划。

4.3.7　物联网和智慧城市

为了建设创新和可持续发展的智慧城市，地方政府在部署、管理和应用物联网方面的支出将占总支出的 25% 以上。

4.3.8　物联网和开源

未来，60% 的专有行业 IT 解决方案将进行对外开源，从而形成一股驱动物联网创新的热潮。

4.3.9　物联网和可穿戴设备

在未来 5 年内，40% 面向消费者的可穿戴设备将发展成为替代智能手机的产品。

4.3.10　物联网和千禧一代

全球 16% 的人口是千禧一代，这些生活在互联世界的原住民将加快物联网的普及速度。

4.4　物联网面临的挑战

物联网正通过无处不在的联网设备，以更广泛的连通性和多样的功能重新塑造着人们生活的方方面面。它将更加个性化和有可预测性，并将物理世界和虚拟世界融合在一起，以创建高度个性化的使用体验。尽管有这些承诺和巨大的应用潜力，物联网仍需解决将设备、隐私和安全性三者统一的任务。如果不考虑物联网各个环节的强安全性和数据保护能力，物联网的发展将会受到诸如诉讼和消费者投诉的阻碍。如果没有针对联网设备或传感器的通用标准，物联网的发展速度将会很缓慢。

第 5 章

物联网：误解与事实

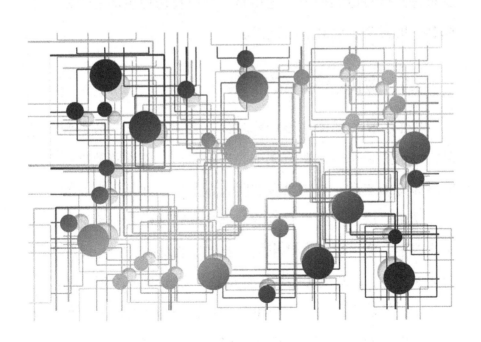

尽管物联网的愿景需要数年时间才能完全达成，但启动这一过程的基础条件已经成熟。关键的硬件和软件要么是现有的，要么正在开发中。利益相关方需要解决安全和隐私问题，并协作实施开放标准，使物联网安全、可靠、可互操作，并尽可能无缝地为用户提供安全的服务。

物联网是一个描述完全互联世界的概念。在这个世界里，各种形状和大小的设备都被赋予了极为"智能"的功能，并支持它们与其他设备通信、交换数据、作出自主决策，并根据预设条件执行特定的任务。这将是一个科技使得生活更丰富、更便利、更安全、更舒适的世界。

5.1　物联网与传感器

思科表示："即使在云计算时代，当你在线访问数据和服务时，你也主要是与大型数据中心进行通信，而这些数据中心可能离你特别遥远。当你没有访问大量数据，并且延迟时间也可以接受时，这种方法是有效的，但在物联网中就行不通了。在物联网中，你可以做一些事情，比如监控城市中每个十字路口的交通状况，以便更智能地引导道路上的车辆，避免交通堵塞。而在你将数据发送到几百公里外的数据中心进行处理，然后再将命令发送回红绿灯时就已经太晚了——红绿灯此时已经需要跳换颜色了。"

解决方案是首先在收集数据的传感器附近进行更多的计算

（此时需用到雾计算技术），从而将需要发送到云端数据中心的数据量降至最少，从而减少延迟时间。思科表示，这种数据处理能力应该放在路由器上。然而，这只是其中的一部分。在正确的时间从正确的设备中获得正确的数据不仅仅涉及硬件和传感器，而且还涉及数据的智能处理。能够识别数据，并且只分发其中重要的内容，在应用程序设计方面这一点比任何对硬件研发的投入都重要。

　　数据的优先级排序应该在设备的应用程序中完成，再与网络边缘的数据缓存技术结合起来，你就有了一个可有效降低延迟的解决方案。

5.2　物联网和移动数据

　　诚然智能手机在收集数据并提供访问物联网应用程序的用户界面方面发挥了不少作用，但其并不适合扮演更加重要的角色。以智能家居场景为例：对于关键的家庭监控与安全应用，比如可使老年人免受意外或是疾病影响的应用，依赖智能手机作为决策中心，几乎是不现实的。当用户外出旅行，并且他的智能手机进入飞行模式后会发生什么？又或者用户的手机断电后又会发生什么呢？

　　这些例子表明，物联网将主要依赖于专用网关和远程解决方案，而不是智能手机和移动应用程序，少数例外的情况除外

（如"可穿戴"设备）。

如今，不考虑任何物联网设备的情况下，超过 80% 的网络流量会流经 Wi-Fi 接入点。如果数据增加 22 倍时会发生什么？显然，蜂窝网络中的通信设备在成本、功耗、覆盖范围和可靠性等方面将存在严重缺陷。

那么，物联网中会有智能手机和移动通信的一席之地吗？当然有。但就性能、可用性、成本、带宽、功耗和其他关键属性而言，物联网将需要更加多样化和更具创新性的硬件、软件和网络解决方案的支持。

5.3　物联网与数据量

物联网将产生大量的数据。一些物联网专家认为，我们将很难应对物联网产生的不断变化与高速增长的数据，因为我们不可能对所有数据进行监控。在物联网产生的所有数据中，并非所有的数据都需要传送到最终用户的应用当中。这是因为许多由设备生成的数据都是无用的，并不代表任何状态的变化。用户的应用程序只对代表状态变化的数据感兴趣，比如开灯或关灯，打开阀门或关闭阀门。应用程序应该只在状态发生变化时才接收并更新数据，而不是用大量无效的数据来"轰炸"应用程序。

5.4 物联网和数据中心

有人认为，数据中心是物联网所有神奇魔法发生的地方。数据中心绝对是物联网的一个重要组成部分，毕竟这里是数据存储的地方。那么网络呢？毕竟如果没有互联网的支持，物联网就什么都不是。虽然你能够在数据中心中存储或分析数据，但是如果数据一开始就不能到达那里，或者到达那里的速度太慢，又或者不能实时响应，那么就无法建立真正能够落地的物联网应用。

5.5 物联网是一项面向未来的技术

物联网只是互联网进化过程中合乎逻辑的结果。事实上，物联网的技术构件——包括微控制器、微处理器、环境传感器和其他类型的传感器，以及近距离和远程网络通信设备——在今天都得到了广泛的应用。它们的功能还将变得更加强大，与此同时它们的尺寸将更小，生产成本也将更低。

正如我们所定义的，物联网在进一步发展现有技术的同时，还提供了一项重要的附加功能——安全的基础服务设施。这种基础服务设施将支持通信和远程控制功能，使各种接入物联网的设备能够协同工作。

5.6　物联网与当前的互操作标准

参与标准制定的每个人都知道，一种标准并不适合所有的技术——在面对不断发展的新技术时，多个标准（有时是重叠的）共存也是生活中的一个事实。与此同时，自然淘汰过程将鼓励利益相关方将关注点放在少数关键标准上。

物联网最终将包括数百亿台相互连接的设备，它将涉及来自世界各地的制造商和无数的产品类别。所有这些设备都必须进行通信、交换数据并执行紧密协作的任务——而且它们必须在不牺牲安全性或性能的情况下完成这些任务。

这听起来好像很混乱。但幸运的是，完成这些任务的参与方已经行动起来了。全球标准组织如电气和电子工程师协会（IEEE）、国际自动化协会（ISA）、万维网联盟（W3C）等已经将制造商、技术供应商、决策者和其他利益相关方聚集在一起。因此，尽管标准问题对构建物联网构成短期挑战，但解决这些挑战的长期进程已经开启。

5.7　物联网上的隐私和安全

隐私和安全是主要问题，而解决这些问题也是当务之急。这些担忧都是合情合理的。新技术往往存在误用的可能性，在它阻碍个人隐私和安全、创新或经济增长之前，解决这些问题至关重要。制造商、标准制定组织和决策者已经在多个层面给出了回应。

在设备层面，安全研究人员正在研究保护嵌入式处理器的方法，目标是使这些处理器受到攻击时能够阻止攻击者窃取数据或破坏网络系统。在网络层面，新的安全协议也是必要的，其可用来确保敏感数据的端到端加密传输。

5.8 物联网和有限的供应商

开放的平台和标准将会为所有不同类型与规模的公司提供创新的基础。

◆ 开放硬件架构。开放平台是开发人员和供应商在预算和资源有限的情况下构建创新型硬件的一种行之有效的方法。

◆ 开源软件。物联网的异构性使其需要各种各样的软件和应用程序，从嵌入式操作系统到大数据分析软件再到跨平台开发框架。在这种情况下，开源软件是非常有价值的，因为它使开发人员和供应商能够采用、扩展和定制他们认为合适的应用程序，而不需要支付昂贵的许可费或面对其他的风险。

◆ 开放标准。如前所述，开放标准和互操作性对于构建物联网至关重要。在这样一个环境中，各种各样的设备和应用程序必须协同工作，除非它不受封闭的专有标准的限制，否则根本无法正常协作。

几乎所有参与创建物联网的供应商、开发人员和制造商都明白，开放的平台将鼓励创新，并为参与竞争的各方创造丰富的机会。那些不了解这一点的人，可能会遭受与那些在互联网时代推广专有网络标准的人同样的命运：被边缘化。

5.9　结论

如果想通过物联网实时分发来自设备上的数据，那么你需要进行智能的数据分发。要想通过减少带宽使用来减轻网络负载，你需要了解自己的数据。通过了解数据，你可以将精力应用于仅分发有意义的数据，这意味着你只能在拥挤的网络上发送一小段数据。其结果是物联网应用能够提供大量精确的、最新的信息。此时，开发人员将能够处理数以百万计接入物联网的设备，而不会同时受到大量无效数据的冲击，从而关闭为客户提供的服务。

第二部分
物联网实施与标准化所面临的挑战

第 6 章

物联网面临的三大挑战

一个万物互联的世界中，人们可以通过联网设备来获取关键的物理数据，并将其在云端进一步处理以发现新的商业机会。这为所有企业和行业的诸多参与者提供了巨大的商机。许多公司正在将重心聚焦于物联网本身，以及其后续的产品、服务与设备的连接性上。与每一个新的技术趋势所面临的问题类似，物联网产业想要蓬勃发展，也还面临以下三个方面的挑战：技术、商业与社会（见图 6.1）。

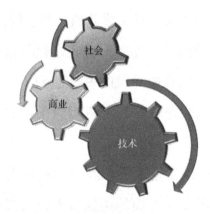

图 6.1　物联网面临的三个方面的挑战

6.1　物联网涵盖的技术

这部分涵盖了让物联网可以作为独立解决方案，或是现有系统一部分顺利运行所需要的所有技术。这并不是一个容易的任务，存在诸多技术方面的挑战，包括安全性、连接性、兼容性与使用寿命、标准、智能分析和智能行为等方面的挑战（见图 6.2）。

图 6.2　物联网面临的技术挑战

6.2　相关的技术挑战

安全性： 物联网的安全问题已经引起全球知名科技企业与政府机构的担忧和重视。对于婴儿监视器、智能冰箱、恒温器、药物输液泵、摄像头甚至你的车载收音机等设备的侵入，将意味着一个由物联网设备所导致的安全噩梦。如此多的新设备涌入互联网，将会给恶意攻击者提供大量的"猎物"，尤其是当很多设备本身就有安全漏洞时。

安全性会变得越来越重要，因为物联网会在我们生活中变得更加普及。对其安全方面的担忧将不仅仅局限于敏感信息或是资产的保护。我们生活的方方面面，都将受到物联网攻击者的威胁。

物联网不安全状态的背后有许多原因。其中或多或少与整个行业还处在"淘金热"的阶段有关。每个供应商都迫切地想要抢在竞争对手之前推出具有创新性的产品。在这种情况下，功能才是王道，安全性只能靠后站。

连接性： 如何把如此之多的设备连接到一起，将会是物联网未来面临的最大挑战。目前，网络中的不同设备依赖于中心化的服务器/客户端架构来完成验证、授权与连接。未来，物联网将颠覆现有的服务器/客户端架构。

服务器/客户端架构对于当前几十、几百或是上千台设备连接的物联网生态系统是足以胜任的。但当网络扩展到数十亿甚至上百亿台设备这个级别时，中心化系统的处理能力将会到达瓶颈。要处理这种海量信息交换的中心化系统，需要在服务器端进行大量的投资并进行复杂的维护，而且一旦服务器宕机，整个系统可能都将无法使用。

物联网的未来将极有可能依赖于去中心化的物联网网络的发展。这个想法算是部分可行的，比如将物联网上的部分任务分散到网络边缘，使用雾计算的方法来解决。其中云端的服务器只用来负责关键性的任务，智能设备则承担数据收集与简单分析等职能。

其他的解决方案包括实施点对点通信：设备之间无须第三方参与，直接彼此识别、验证和交换信息。物联网将会形成网状结构，从而降低单点故障对整个网络的影响。这种解决方案在初期会遇到不少挑战，尤其是安全方面的，但这些挑战可以通过一些新兴技术来加以应对，比如区块链技术。

兼容性与使用寿命：物联网正在朝许多不同的方向发展，许多不同的技术互相竞争。这也导致了一些困难，并且使人们在连接设备时需要部署额外的软件或硬件。

其他的兼容性问题源于非统一的云服务，缺乏标准的 M2M

协议，以及物联网设备中固件与操作系统的多样性。

其中的一些技术最终会在几年后过时，届时会让使用这些技术的设备变得一文不值。这一点其实很重要，因为与使用寿命本就只有几年的通用计算机等设备不同，物联网设备（比如智能冰箱或电视）通常来讲"寿命"会长很多，而且这些设备往往要求即便生产商停止服务也应该能继续正常运行。

标准： 技术标准，包含网络协议、通信协议和数据采集标准，涉及从传感器收集数据、处理和存储分析结果的所有活动。标准的确立通过增加可用于分析的数据规模、范围和频率来让数据变得更有价值。

智能分析和智能行为： 物联网实施的最后阶段是从数据里提取有价值的信息以供人们分析。分析效果是由认知技术本身，以及能够促进认知技术使用的分析模型所驱动的。

推动在物联网中采用智能数据分析的因素。

◆ 由于存储成本的下降，今天比以往更容易获取更多的数据，人工智能算法的性能可通过更多数据的"喂养"而迅速得到提升。

◆ 众包与开源分析软件的兴起：基于云端的众包服务正在使人们以前所未有的速度推出新的算法以及对现有算法进行改进。

◆ 实时的数据处理和分析：复杂事务处理等分析工具使得实时或是近实时的数据处理和分析成为可能，并使及时推动决策与行动成为可能。

在物联网中采用智能分析面临的挑战。

◆ 数据或模型中的缺陷所导致的不准确分析：缺少数据或是异常数据的存在有可能导致误报或是漏报，从而暴露出各种算法的局限。

◆ 传统系统分析非结构化数据的能力：传统系统通常擅长处理结构化数据，遗憾的是，绝大多数物联网设备产生的都是非结构化数据。

◆ 传统系统管理实时数据的能力：传统的分析软件通常适用于面向批处理类型的工作，所有数据被批量加载后才进行分析。

推动物联网中采用智能设备的因素如下。

◆ 智能设备的价格逐渐降低。

◆ 智能设备较之前具有更多的功能。

◆ 智能设备可以通过行为科学理论“影响”人类。

◆ 深度学习工具的加持。

物联网采用智能设备所面临的挑战。

◆ 智能设备在不可预测的情况下出现的“行为”。

◆ 信息安全与隐私问题。

◆ 智能设备的互操作性。

◆ 人类恶意的破坏行为。

◆ 人们对新技术的接受度较低。

6.3　商业领域的挑战

符合商业的底层逻辑是启动、投资和运营任何项目的一个前提条件。若是没有健全可靠的商业模式，物联网领域便会迎来另一个泡沫。

在垂直行业里运营以及使用云端分析程序提供服务的端到端解决方案提供商，会是将物联网大部分价值货币化的成功者。很多物联网应用只可以获得少量的收入，但有极少数可以获得更多的收入。对于现有的通信基础设施来说，只需要一点额外的成本，便可以用物联网技术开辟一个可观的新收入来源。

物联网根据使用场景和客户群体可分为以下三类（见图6.3）。

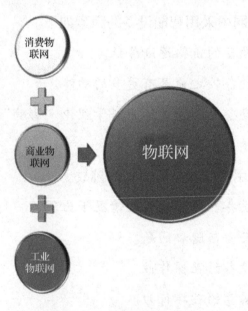

图 6.3　物联网的类别

◆ 消费物联网：包括所有连接消费者的设备，比如智能
汽车、手机、智能手表、笔记本等。

◆ 商业物联网：包括如库存控制、物流追踪以及医疗设
备维护等。

◆ 工业物联网：包括电表、流量计、管道监测器、工业
机器人以及其他类型的联网工业设备。

显然，深刻理解每一类物联网应用的价值所在和所用的商
业模式是非常重要的。

6.4 社会领域的挑战

从消费者和监管者的角度去理解物联网并不容易，主要有
以下几个原因。

◆ 消费者的需求在不断变化。

◆ 智能设备的新用途以及新智能设备的出现速度非常快。

◆ 重新集成必备特性与功能的智能设备非常昂贵，且要
花费不少时间和资源。

◆ 物联网技术的应用领域正在不断扩大和改变，且通常
是在未知领域。

◆ 消费者信心：以上这些问题中的每一个都可能削弱消费
者购买这些设备的意愿。这将阻止物联网释放其真正的
潜力。

◆ 消费者在使用智能设备时缺乏隐私保护意识，比如使用智能设备的默认密码。

6.5　隐私问题

物联网的到来给消费者的隐私保护工作带来了独特的挑战，其中很大一部分来源于将设备集成到我们的生活环境当中，而我们却没有意识到在使用它们。

这一现象在消费者使用的智能设备中变得越来越普遍，例如手机、汽车以及智能电视等。对于这些智能设备而言，语音识别与人脸识别正在被集成进来。它们可以持续收听周围人们的对话或是观察人们的活动，并且选择性地传输数据到云端进行处理，有时这些数据的处理甚至会有第三方公司的介入。这种信息收集的方式对于消费者隐私数据的保护和相关法律的完善都提出了不小的挑战。

除此之外，许多物联网解决方案都会涉及跨越社会和文化边界的问题，且需进行跨国或是全球范围内的智能设备部署与数据收集活动。这些特征对于为物联网开发一个广泛适用的隐私保护机制又意味着什么呢？

为了认识到物联网所带来的机遇，需要制定战略来尊重符合大众期望的个人隐私保护机制，同时还要确保这一机制依旧可促进物联网新技术的应用和在消费者服务领域的创新。

6.6　监管标准

物联网数据市场的监管标准目前是缺失的，尤其是对于"数据经纪人"来说。这里的"数据经纪人"是指那些从各个来源收集到数据然后进行贩卖的公司。尽管数据似乎是物联网上的"货币"，但在谁能访问数据，数据如何被用来开发产品或服务，而后以哪种形式出售给广告商与其他第三方等方面缺乏透明度。当前急需数据留存、使用以及安全性的明确规范，包括元数据（用来描述其他数据的数据）标准等。

第 7 章

物联网的实施

物联网是由物理对象组成的网络，包括智能设备、车辆、建筑以及其他的一些东西，并与软件、传感器相结合，使得这些物理对象可以收集与交换数据。由于诸多原因，包括物联网生态系统里不同组成部分的复杂性，使得收集与交换数据并不是件容易完成的事。

为了理解物联网实施的重要性，我们将解释以下 5 个物联网实施的组成部分。

- 传感器
- 网络
- 标准
- 智能分析
- 智能行为

7.1 传感器

电气和电子工程师协会（IEEE）将传感器定义为一种检测装置，其能感受到被测量的信息，并能将感受到的信息按一定规律变换成为电信号或其他所需形式的信息输出，以满足信息的传输、处理、存储、显示、记录和控制等要求。然后，传感器产生的数据由另一台设备转换为对智能设备或个人决策起到帮助作用的信息。

传感器类型包括有源传感器与无源传感器。

传感器的选择被许多因素所左右。

◆ 目的（温度、运动与否等）

◆ 准确性

◆ 可靠性

◆ 范围

◆ 解析度

◆ 智能级别（处理噪声与其他干扰）

今天在物联网中广泛使用传感器的趋势使得传感器变得更廉价、更智能、更微型（见图7.1）。

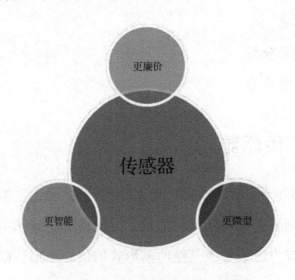

图 7.1　传感器的发展方向

物联网中传感器面临的挑战。

◆ 耗能

◆ 安全性

◆ 互通性

7.2　网络

物联网落地的第二阶段是将传感器收集到的数据通过网络进行传输，其中会涉及一个典型网络的所有不同组件，包括路由器，不同拓扑结构中的网桥；也包括局域网（LAN），城域网（MAN），广域网（WAN）。可以用不同技术将传感器的不同组件连接到网络，包括 Wi-Fi、蓝牙、低功耗 Wi-Fi、Wi-Max、常规以太网以及最近很有前景的 Li-Fi 技术（使用光作为通信介质，连接包括传感器在内的典型网络中的各个组成部分）。

物联网广泛应用的驱动力可以归结为以下几点。

◆ 数据的指数级增长。

◆ 数据使用的成本快速降低。

◆ 虚拟化。

◆ XaaS 概念（SaaS、PaaS 与 IaaS）的兴起。

◆ IPv6 的部署。

物联网实施面临的挑战。

◆ 连接设备数量的暴增。

◆ 网络覆盖范围的扩大。

◆ 安全性。

◆ 能耗。

7.3 标准

物联网落地的第三阶段涉及处理、传输和存储从传感器收集到的数据的所有活动。它通过增加可供分析的数据的规模、范围和频率来增加数据的价值。

标准的类型

与聚合数据的过程相关的两种标准：技术标准（包括网络协议、通信协议和数据聚合标准）与监管标准（与数据隐私、安全及其他问题相关）。

技术标准

- ◆ 网络协议（例如 TCP）
- ◆ 通信协议（例如 HTTP）
- ◆ 数据聚合标准（例如提权、转换等）

监管标准

由政府机构设立并开展的相关监管工作。物联网采用某种数据聚合标准时面临如下挑战。

- ◆ 处理非结构化数据的标准：结构化的数据被存储于关系型数据库里，并可通过 SQL 语言来查询。非结构化的数据被存储在不同类型的非 SQL 数据库里，且没有通用的查询方法。
- ◆ 安全与隐私问题：需要数据存留、使用以及安全性的明确指南，包括元数据（用来描述其他数据的数据）。

◆ 数据市场的监管标准：在谁能访问数据，数据如何被用来开发产品或是服务，而后以哪种形式出售给广告商与其他第三方等方面缺乏透明度。

◆ 运用新的聚合工具的技能：那些迫切想要使用大数据工具的公司，通常会在设计、运行和维护物联网系统的人才方面存在短板。

7.4 智能分析

物联网实施的第四个阶段是从数据里提取有价值的信息并加以分析。分析依靠认知技术本身，以及能够促进认知技术使用的模型所驱动。

随着计算机处理各类信息能力的提升，视频和语音数据也可得充分利用。以下是一些正在逐渐被采用的可用作预测分析的认知技术。

◆ 计算机视觉指计算机识别图像里的物品、场景与人物的能力。

◆ 自然语言处理是指计算机能够以近似人类的方式处理文本并从中提取信息甚至生成新的文本。

◆ 语音识别的重点是把人类语音准确地转换成文字。

　　物联网创新浪潮是一个日益复杂的生态系统不断演进的过程，它会让我们生活中每件物品都变得更智能，使得生活中每件物品的自动化层度跃上一个新的台阶。技术的融合使得物联网实施变得更加容易和快捷，从而改善我们家庭、工作与生活的方方面面。

第 8 章

物联网标准化

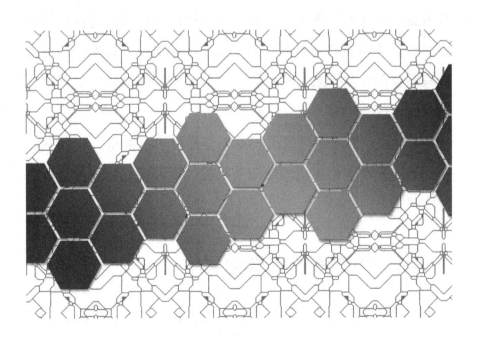

物联网市场的快速发展使得物联网解决方案的数量与种类也随之激增。除此以外，许多资金被注入物联网初创项目。因此，该行业的重点是生产和制造合适的硬件来实现这些解决方案。当前，绝大多数物联网供应商都会构建所有组件，从硬件到相关的云服务，或者说他们想要将其命名为"物联网解决方案"的东西。也正因如此，不同物联网解决方案所使用的云服务当前缺乏一致性和统一的标准。

随着行业的发展，对于使用标准方式来执行共同的物联网后端任务（比如处理、存储及固件升级等）的需求会变得越来越重要。在这种新模式下，我们很有可能看到不同的物联网解决方案与共同的后端服务协同工作，从而保证互操作性、便携性与可管理性的要求。这在当前阶段的物联网解决方案中还几乎无法实现。

创建这个模式无论怎么想都不会是件容易的事。物联网方案的标准化与实施面临着障碍与挑战，而该模式需要克服所有这些问题。

8.1　物联网的标准化

物联网标准化所面临的障碍可以被分为 4 类：平台、连通性、杀手级应用与商业模式（见图 8.1）。

图 8.1　物联网标准化的障碍

◆ 平台：包含用以安全处理来自所有产品的海量数据流的分析工具。

◆ 连通性：消费者所有日常接触的物联网终端，包括可穿戴设备、智能汽车、智能家居以及更大尺度上的智慧城市。

◆ 杀手级应用：控制"事物"，收集"数据"，分析"数据"这三个功能都需要有杀手级应用的参与。物联网需要杀手级应用来加速相关标准的统一。

◆ 商业模式：良好的商业模式是启动、投资和运营任何项目的一个前提。物联网若是没有健全可靠的商业模式，我们便会迎来另一个泡沫。该模式必须满足商业活动的所有要求。但商业模式创新却又总是监管和法律审查的受害者。

以上四类因素是相互关联的，你得使它们全部得到处理才行。在此过程中需要做大量的工作，许多公司会涉及其中一至两个类别的工作，让它们来到谈判桌上达成一致将是一项艰巨的任务。

8.2 未来之路

物联网是一个日益复杂的生态系统，它将使我们生活中的每件物品都更加人性化，同时也会使得生活中每个物品的自动化与技术的融合跃上一个新的台阶。它将改善我们家庭工作等日常生活中的方方面面。从冰箱到停车场再到房屋，物联网每天都在把更多的东西数字化，这可能使物联网在不久的将来成为一个价值数万亿美元的产业。物联网成功标准化之后的一个可能结果是"物联网即服务"技术的实施。今天，物联网在现实生活中应用的可能性是无限的，但离实现这个梦想还有很长的路要走。我们还需在面向消费者和面向企业领域克服许多障碍和难题。

第 9 章

物联网分析面临的挑战

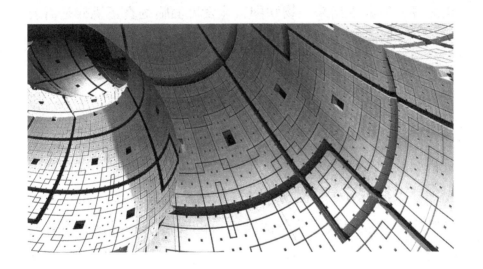

物联网是一个日益复杂的生态系统，它每天都在把更多的东西数字化。这可能使物联网在不久的将来成为一个价值数万亿美元的产业。要了解物联网的应用范围，只需看一下近期有多少关于物联网的会议、文章和研究即可。最近一篇关于物联网未来发展趋势的文章列出了 21 位专家对于物联网未来的见解。这种趋势在去年达到了高潮，因为许多公司看到了巨大的机遇，并相信物联网可以拓展和改进现有的业务流程并使盈利加速增长。

物联网市场的迅速发展导致各种不同的物联网解决方案如雨后春笋般涌现出来。物联网行业发展面临的真正挑战是需要找到一个真正可靠的物联网模式来执行传感、处理、存储、通信等常见任务。

物联网解决方案的关键功能之一是采用物联网分析方法以多种方式来利用"终端"收集到的信息。比如，了解客户行为、提供服务、改进产品以及识别与抢夺商业机会等。物联网需要新的数据分析方法，因为新增的数据量在 2021 年会是一个天文数字。物联网数据分析的需求可能和传统分析相比也有所不同。

物联网数据分析面临许多挑战，包括数据结构的差异、结合多种数据格式、平衡规模与速度的需求、边缘物联网数据分析以及如何将物联网分析与人工智能技术相结合等（见图9.1）。

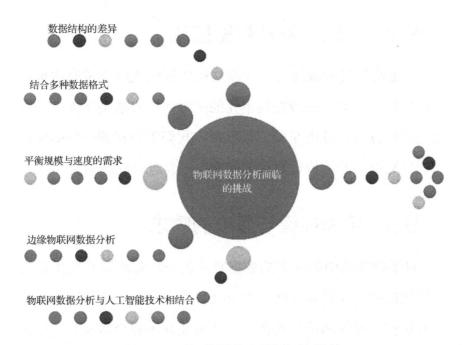

图 9.1　物联网分析面临的挑战

9.1　数据结构的差异

绝大多数传感器可发送附带时间戳的数据，且大多数数据都比较"无聊"。因为多数时间里并不会有任何事情发生。然而，有极少数时间会有异常事件发生需要处理。基于阈值的静态警报是分析数据的一个良好起点，但它们不能帮助我们升级到诊断或是预测可能的异常事件。在特定时间段内收集到的数据片段可能彼此关联，换句话说，传统时间序列的数据结构受到了挑战。

9.2　需结合多种数据格式

传感器采集的数据与其他非结构化数据之间通常存在很强的相关性。比如，一段控制单元的故障代码可能会导致一个特定的错误行为，并由系统记录下来。我们需要找到一些能使得结构化数据与非结构化数据可以有效结合起来的技术。

9.3　平衡规模与速度的需求

对于物联网中的大多数数据真正的分析都将不只发生在云端的数据中心而更有可能是在混合云当中完成。这是因为，尽管云端拥有弹性和可扩展性，但其可能并不适合需要实时处理大量数据的场景。比如通过一个 10G 带宽的网络传输 1TB 的文件需要 13 分钟，这对于批处理和历史数据管理都很好用，但用于实时分析事件流的场景就不切实际了。一个最近的例子是无人驾驶汽车的数据传输，特别是在需要瞬间作出决策的紧急情况下的数据传输。

与此同时，物联网数据分析可能需要更多的扩展性，因此无论是部署在边缘还是云端，实施数据分析的算法都应当具有灵活性。

9.4　边缘物联网数据分析

物联网传感器、设备与网关分布在不同的生产车间、家庭、零售店和农田等地方，目前通过一个 10M 带宽的网络传输 1TB 的数据需要几天时间。因此，企业需要开始计划解决几年后如何在物联网的边缘处理 40% 物联网数据的问题。这对于大型物联网的部署尤其重要，其中每秒可能会有数十亿个事件的数据流，但系统只需要知道一段时间的平均值，或是当趋势超出既定参数时才接到警报。

解决方案是在边缘的物联网设备或是网关上进行数据分析，并将汇总的结果发送至云端的中央系统。通过边缘分析可以保证及时检测出重要趋势或是异常，同时显著减少网络拥堵以提高整个系统的性能。

进行边缘分析需要非常轻量级的软件，因为物联网节点和网关都是低功耗设备，自身处理数据的能力有限。为了应对这一挑战，雾计算成为不二之选。

雾计算允许通过物联网终端设备进行计算、决策和采取行动，并仅仅将相关数据推送到云端。思科创造了"雾计算"这个名词，并且给了一个非常精彩的定义：雾计算把云计算扩展到离产生和采用物联网数据的设备更近的地方。这些被称为雾节点的设备可以通过网络部署在任何地方：工厂车间内、电线杆顶部、铁路轨道旁、车上或是钻井平台上等。任何具备计算、存储与网络连接能力的设备都可以是雾节点。身边的实例包括工业控制器、交换机、路由器、嵌入式服务器、视频监控摄像头等。使用雾计算的主要好处是：最小化延迟，节省网络带宽并可解决网络各层的安全问题。此外，它运行可靠，支持快速决策，便于收集和保护各种数据，还可将数据转移至最佳位置处理。它通过仅在需要时使用高计算能力和更少的带宽来降低相关费用，并提供更好的对本地数据的分析。

需要记住的是，雾计算在任何形式下都不是云计算的替代品，而是可与云计算结合起来优化可用资源的一种方式。但它很好地解决了许多物联网终端面临的以下挑战：输入数据的实时处理与分析，带宽受限与计算能力不足等。

9.5　物联网数据分析与人工智能技术相结合

物联网分析的最强大之处，同时也是尚未开发的潜能是比实时应对问题更进一层的能力，即在问题出现之前就做好准备。这就是为什么预测是许多物联网分析策略的核心，其中包括预测客户需求，预测机械设备的维护时间，欺诈检测，预测客户的流失等。

人工智能技术可以用于以下 6 个物联网数据分析环节（见图 9.2）。

1. 数据准备：定义数据池并清理其中的数据，这会把我们带到暗数据与数据湖这样的概念中。

2. 数据发现：在定义好的数据池中寻找有价值的数据。

3. 数据流的可视化：通过智能的方式定义、发现和可视化数据，动态处理数据流，使得决策过程无延迟且可轻松进行。

4．数据时间序列的准确性：保持对所收集数据的高准确性和完整性。

5．预测和其他高级分析：这是非常重要的一步，可以根据收集、发现和分析的结果提前作出决策。

6．实时地理空间和位置（物流数据）：保持数据流通畅且可控。

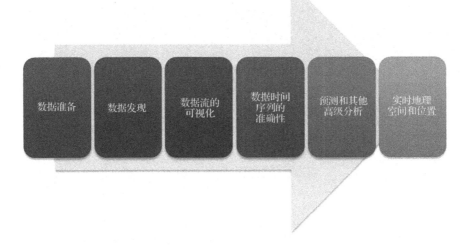

图 9.2　人工智能技术用于物联网数据的分析

在物联网中使用人工智能技术同样存在挑战，比如兼容性、复杂性、隐私、安全性、道德与法律问题以及人为引入的错误等。

　　许多物联网生态系统将会涌现出来，它们之间的竞争将会主导诸如智能家居、智慧城市、金融和医疗服务等领域。但真正的赢家将会是那些具备更好、更可靠、更快速和更智能的物联网分析工具的生态系统。毕竟，重要的是我们如何把数据转化为信息，进而转化为对应的行动，最终提升企业的效益。

第三部分
保护物联网

第 10 章

如何保护物联网

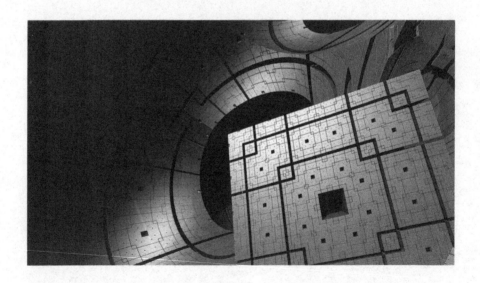

　　物联网作为一个概念既令人着迷又令人兴奋，但从中获取真正商业价值的关键在于其架构中所有元素之间的有效交互，这样企业就可以更快地部署应用程序，并以闪电般的速度处理和分析数据，从而尽快作出明智的决策。

　　物联网体系架构可以由以下 4 个部分组成（见图 10.1）。

　　1．设备：这些设备被定义为唯一可识别的节点，主要是传感器，它们通过网络进行通信，且无需人工干预。

　　2．网关：它们充当设备和云端服务器之间的中介，以提供所需的网络连接、安全性和可管理性。

　　3．网络基础设施：由路由器、聚合器、网关、中继器和其他控制数据流的设备组成。

　　4．云端基础设施：云端基础设施包含联网的大型虚拟服务器和存储池。

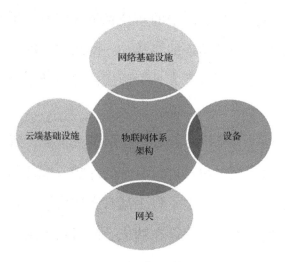

图 10.1　物联网体系架构

　　社交网络、大数据、云计算、移动互联网等新技术的发展，已经让许多前几年还不太可能的事情成为现实。除此之外，全球化和新技术的融合正在加速当今的科技进步与商业模式创新，具体表现为以下几点。

- ◆ 提高垂直市场的效率和降低成本的举措。
- ◆ 政府对这项新技术的投资激励措施。
- ◆ 降低智能设备的制造成本。
- ◆ 降低网络连接成本。
- ◆ 更高效的有线和无线通信技术。
- ◆ 可扩展且价格合理的移动网络。

　　物联网企业是整个生态系统中的一个大赢家。物联网正在为当下参与新兴市场的企业创造新的机遇并提供全新的竞争优势。它触及一切，不仅仅是数据，还涉及如何、何时、何地以及为何收集数据。物联网中的新技术不仅仅改变了互联网，而且也改变了与互联网相连的终端——网络边缘的设备和网关。它们现在可以在无须进行人为干预的情况下请求服务或启动某项操作。

　　因为数据的生成和分析对物联网至关重要，所以必须在数据的整个生命周期中对其进行有效的保护。管理物联网上的数据非常复杂，因为其跨越了许多具有不同意图的管理边界。一般来说，数据被处理或存储在功能有限且易受复杂攻击的边缘设备上。

考虑到构成物联网生态系统的各种技术和物理组件，将物联网视为一个系统体系是完全合理的。构建一个对企业来说具有商业价值的物联网系统往往是一项复杂的任务。因为企业架构师致力于设计集成解决方案，其中包括边缘设备、应用程序、传输协议和分析功能，这些内容构成了一个功能齐全的物联网系统。而这种复杂性也给保持物联网安全性带来了挑战，并且还要确保物联网的特定用例不会被当成跳板去攻击其他企业的信息系统。

国际数据公司（IDC）估计，部署物联网的组织中有 90%在 2017 年遭遇了基于物联网后端信息系统的攻击。

10.1 部署物联网时面临的安全挑战

无论你的企业在物联网生态系统中扮演什么角色——设备制造商、解决方案提供商、云服务提供商、系统集成商还是其他服务提供商，你都需要知道如何从这项新技术中获得最大的利益。

处理大量现有和未来预计会产生的数据，以及管理看似无限数量设备的复杂性令人望而生畏。由于面临诸多挑战，因此将大量数据转化为有价值行动的目标似乎是不可能实现的。现有的安全技术可以在降低物联网风险方面发挥作用，但这些远远不够。我们的目标是在正确的时间、以正确的格式将数据安全地保存到正确的位置。不过，说起来容易做起来难，而且原因也是多方面的。云安全联盟（CSA）在最近的一份报告中列出了一些可能的挑战。

- ◆ 许多物联网系统的设计和实施不佳。
- ◆ 缺乏成熟的物联网技术和业务流程。
- ◆ 对物联网设备生命周期内的维护和管理的指导有限。
- ◆ 物联网带来了独特的物理安全问题。
- ◆ 物联网的隐私问题很复杂，而且并不总是很明显。
- ◆ 物联网开发人员可参考的最佳实践有限。
- ◆ 物联网边缘设备的认证和授权缺乏标准。
- ◆ 基于物联网的事件响应活动没有最佳实践。
- ◆ 没有为物联网组件定义的审计和日志记录标准。
- ◆ 用于物联网设备和应用程序交互的接口受到限制。
- ◆ 对于平台配置而言，涉及支持多租户的虚拟物联网平台的安全标准还不成熟。
- ◆ 不断变化的客户需求。
- ◆ 设备的新用途，以及新设备以极快的速度出现和增长。
- ◆ 创造和重新整合必备的特性和功能非常昂贵，且需要大量时间和资源的投入。
- ◆ 物联网技术的应用正在不断扩大和变化——通常发生在未知的领域。
- ◆ 开发能提供物联网服务的嵌入式软件既困难又昂贵。

有一些恶意攻击者可以利用物联网设备发起威胁与攻击。

- 控制系统、车辆甚至人体内的电子设备都可以被入侵和操控，从而造成意外的伤害。
- 医疗服务提供商在被攻击后可能用不正确的诊断结果治疗患者。
- 入侵者可以获得家庭或是企业内部网络的实际访问权限。
- 车辆失去控制。
- 忽视关键信息，如天然气管道破裂的警告可能会被忽视。
- 关键基础设施被严重损坏。
- 入侵者可以窃取他人的身份和金钱。
- 个人敏感信息的意外泄露。
- 未经授权跟踪消费者的位置、行为和活动。
- 操纵金融交易。
- 物联网资产遭到破坏或盗窃。
- 能够未经授权访问物联网设备。

10.2　应对挑战与威胁

高德纳咨询公司在孟买召开的安全与风险管理峰会上指出，超过 20% 的企业在 2017 年部署了物联网安全解决方案，以保护其物联网设备和其提供的服务。物联网设备和服务将过去线下的物理设备转变为与企业内部网络通信的在线资产，无形中扩大了黑客对企业进行网络攻击的范围。因此，企业必须扩大安全策略的保护范围来应对这些新在线设备带来的安全威胁。

企业必须根据设备的独特功能以及连接这些设备的网络存在的相关风险来为每个物联网设备定制安全策略。BI Intelligence 公司预计，在未来 4 年内，用于保护物联网设备和系统的安全解决方案的支出将增加 5 倍以上。

10.3　最佳的物联网平台

所有设备必须协同工作并与所有其他设备集成。同时，所有设备必须与接入的系统和基础设施进行无缝通信和交互。

最佳的物联网平台可以完成以下的事务。

◆ 收集与管理数据，用于创建标准化可扩展的安全平台。

◆ 集成并保护数据，降低系统成本和复杂性，同时保护你的数据。

◆ 分析数据并从数据中提取商业价值。

10.4　结论

安全性需要作为物联网系统最基础的属性来对待，故需进行严格的有效性检查、认证和数据验证，另外所有数据都要加密。在应用程序层面，软件开发人员需要更好地编写稳定、有弹性和可信任的代码，以及提供更好的代码开发标准、培训、威胁分析和测试。当系统在进行交互时，必须拥有一个安全有效的互操作标准。如果没有坚实的底部结构，我们在物联网中每增加一台设备，就会多增加一分威胁。我们需要的是一个具有隐私保护功能的安全的物联网，这是一个艰难的权衡，但并非不可能实现。

第 11 章

使用区块链保护物联网

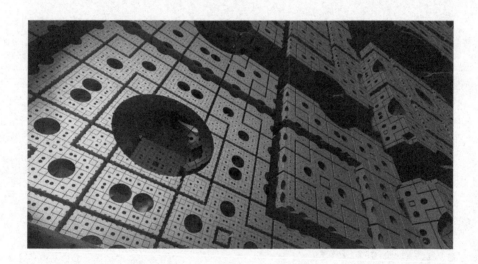

在物联网的世界里，数据就是燃料，其可通过非通用计算机（这些计算机被用于提供特定的服务）来更改环境的物理状态。因此，物联网处在网络安全发展过程中一个重要的拐点位置。

11.1　部署物联网所面临的安全挑战

处理海量的预期数据是令人生畏的。由于存在许多挑战，把大量数据转化为有价值的行为似乎也不太可能。现有的安全技术将在降低物联网安全风险方面发挥作用，但这并不够。我们的目标是要在正确的时间地点，以正确的格式安全地取得数据，但知易行难。

11.2　应对挑战和威胁

高德纳咨询公司称，超过 20% 的企业将部署安全解决方案用于保护其物联网设备与服务。物联网设备和服务在商业上将更多地暴露在网络黑客的攻击之下。之前离线的物理对象变成了与企业网络通信的在线设备，因而企业不得不扩大其安全策略的保护范围，以将这些新的在线设备纳入其中。

11.3　最佳的物联网平台

为物联网开发解决方案需要系统中的每个部分都达到前所

未有的协调、合作与连接。所有设备必须协同工作，并与其他设备集成，且所有设备必须与连接的系统和基础设施进行无缝的通信与交互。这是可能的，但也同样昂贵费时，且困难重重，除非有新的设计思路和解决物联网安全问题的方法能够替换当前中心化的设计模式。

当前物联网生态系统依赖于中心化的代理通信模式，也被称为服务器/客户端模式。所有设备都是通过拥有超大处理和存储能力的云服务器进行识别、验证和连接的。设备之间的连接必须通过互联网，即使它们之间只有几厘米的距离。

虽然这种模式已经在通用计算机设备领域应用了数十年，且将继续支持我们今天看到的小规模物联网网络，但它无法满足未来物联网庞大生态系统不断增长的需求。

现有的物联网解决方案非常昂贵，因为中心化的云端大型服务器集群以及与网络设备相关的基础设施与维护费用都很高。当物联网设备增长到百亿级别时，以上的成本将大大增加。

即便克服了前所未有的经济与工程上的挑战，云端的服务器依旧可能是整个物联网的性能瓶颈。

此外，设备所有权以及支持它们的云端基础设施的多样性使得机器对机器的通信变得非常困难。没有一个单一平台可以连接所有的设备，且无法保证不同制造商提供的云服务具备互操作性与兼容性。

11.4　去中心化的物联网网络

一个去中心化的物联网网络将会解决上面提到的很多问题。采用标准化的点对点通信模型来处理设备之间上千亿条的交易信息，将会大大减少安装与维护大型中心化数据中心的相关成本，并将问题转化为在构成物联网网络的数十亿台设备中分配计算能力与存储能力。这将降低网络因任意一个中心节点的单点故障而导致网络整体崩溃的风险。

但是，建立点对点通信模型会面临其特有的一系列挑战，其中最主要的就是安全问题。众所周知，物联网的安全性绝不仅仅是保护敏感数据那么简单。理想的解决方案必须在大型物联网网络中保持用户隐私与数据安全，同时为交易提供某种形式的验证以防止欺诈的发生。

要在没有中心控制的情况下实现传统物联网解决方案的功能，任何去中心化的解决方案都必须具有以下 3 个基本特征。

◆ 点对点通信。

◆ 分布式的文件共享。

◆ 设备自主协调。

11.5　区块链技术

区块链是一种分布式账本技术，其已经成为科技行业以及其他领域内的研究人员非常感兴趣的研究对象。区块链技术提供了一种记录交易或是任何数字交互的方法，其具有安全、透明、高度抗中断、可审计且高效等特性。因此，它可能为现有的各个行业建立新的商业模式。这项技术还很年轻并处于高速发展当中。区块链技术要达到广泛的商业化应用还需要几年时间。尽管如此，为了避免错失进行颠覆式创新的机会，各个行业的战略家、规划者与决策者都已开始研究区块链技术的应用。

11.5.1 什么是区块链

区块链是一个维护不断增长的数据记录集的分布式数据库。它本质上是分布式的，这意味着不存在掌握整个区块链的主计算机。相反，每个参与其中的节点都有一份整条链的副本。随着上链数据的增加，它本身也在不断增长。

区块链由以下两个元素组成。

◆ 交易：交易是由系统中的参与者创建的。

◆ 区块：区块链上的区块记录这些交易并确保它们处于正确的顺序且未经篡改。区块还会在打包交易时添加时间戳。

11.5.2 区块链有哪些优势

区块链有三个主要优势（见图 11.1）。

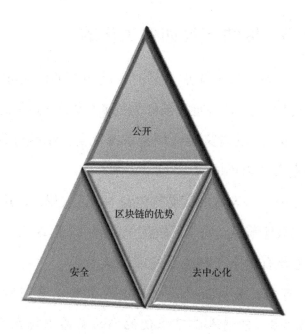

图 11.1　区块链的优势

区块链的一大优势在于它是公开的，每个参与者都可以看到存储在区块内的交易。这并不意味着每个人都可以看到你的交易内容（因为它受到你私钥的保护）。

区块链是去中心化的，所以没有一个单一的权力机构可以批准链上的交易，或是设定特定的规则来接受链上的交易。这意味着网络中的所有参与者必须通过达成共识的方式来接受各自的交易。

更重要的是安全性，上链的数据只能被扩展，之前记录的数据无法被更改（至少更改的成本是极其高昂的）。

11.5.3 区块链是如何工作的

当有人想要向链上添加交易时，网络中的所有参与者都会对交易进行验证。他们通过被称为挖矿的活动来验证交易的有效性。"有效性"的含义由区块链系统定义，且不同系统对"有效性"的定义可以不同。

节点将一组已确认的交易打包到一个区块里，然后将其发送给网络中的其他节点。每个区块都包含前一个区块的哈希值。

目前主要有以下三种类型的区块链。

◆ 公有链：公有链是一个每个人都可以看到所有交易的区块链,任何人都可以使他们的交易出现在区块链上,且最终任何人都可以参与到达成共识的过程当中。

◆ 联盟链：联盟链不允许每个人都参与到达成共识的过程当中。事实上,只有有限数量的节点被允许这样做。例如，在20家制药公司中，我们可以想象，如果想要让一个区块有效，必须要得到15家公司的同意。

◆ 私有链：私有链通常在公司内部使用，且只有特定成员被允许访问并执行交易。

11.6 区块链与物联网

区块链技术是弥补物联网可扩展性、隐私保护与可靠性的关键一环。区块链技术有可能成为物联网行业所需要的关键技术。区块链技术可以被用于追踪数十亿台接入网络的设备，可为物联网行业的制造商节省大量资金。这种去中心化的架构方式可以消除单点故障，为设备的运行提供一个更加具有弹性的环境。区块链使用的加密算法也可使得消费者的数据变得更加安全。

分布式账本是可防止篡改的，不易被恶意攻击者所操控。它存在于任何一个单一节点上，且中间人攻击亦无法实施。区块链使得去中心化的节点的点对点通信成为可能，且已经通过通证的应用证明了其在金融服务领域的价值。比如比特币可提供方便的点对点"支付"服务，而整个过程无须第三方中间商的参与。

去中心化、自治与高扩展性等特性使得区块链成为物联网解决方案基本元素的一个理想组件。不久的将来，企业物联网解决方案将迅速成为区块链技术早期的重要应用领域之一。

在物联网网络中，区块链可以确保智能设备上的记录不可被更改。这项功能实现了智能设备的自主运行而无须中心化授权。因此，区块链打开了一系列物联网应用场景的大门，这些应用场景在没有区块链技术的情况下实施起来将会变得极其困难，有些甚至是无法实现的。

通过利用区块链，物联网解决方案可以在物联网设备之间实现安全、点对点的消息传递。在这个方案中，区块链将用类似比特币网络里达成交易的方式来处理设备间的消息传递。

在这种情况下，我们可以远距离直接与灌溉系统通信，以便根据农作物的检测情况来控制灌溉时的水流量。类似的，石油钻井平台中的设备可以及时交换数据，以根据天气状况来调整自身的运行情况。

使用区块链技术将使生产真正的自主智能设备成为可能。它们可以交换数据，甚至执行金融交易指令，且无须中心化的代理。这种类型的自治是可能实现的，因为区块链网络中的节点将会验证交易的有效性，且无须依赖中心化的授权。

在这种情况下，未来工厂中的智能设备可以通过自主下订单的方式来修复自己的部分零件，且无须人工或是中心化系统进行干预。同样的，车队里的智能汽车可以在到达维修站前提供需要更换零部件的报告。

区块链最令人兴奋的功能之一是可以维护一个适当去中心化且值得信任的账本（里面包含了网络中发生的所有交易）。这对于实现工业物联网应用中的许多合规性和法律要求至关重要。

第 12 章

物联网与区块链的融合：挑战和风险

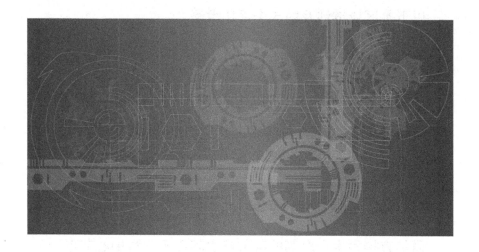

物联网面临的最大安全挑战来自当前物联网生态系统的架构体系。它们都基于称为服务器 / 客户端的中心化架构模式。所有设备都通过支持巨大处理量和存储容量的云服务器进行识别、认证和连接，设备之间的连接必须通过云端的服务器进行，即使它们恰好相隔几厘米。虽然这种模式已连接传统计算设备数十年，并将继续支持当今的小型物联网网络，但它无法满足未来巨大物联网生态系统不断增长的需要。为此我们需要用到区块链技术以解决这一问题。

12.1 区块链涉及的相关术语

以下是区块链涉及的 5 个常用术语。

12.1.1 分布式数据库

区块链上的每一方都可以访问整个数据库中完整的历史记录。每个参与方都可以直接验证其交易伙伴的记录且无须中间人的协助。

12.1.2 点对点传输

通信直接发生在对等的各节点之间而不通过中心节点。

12.1.3 透明性

有权访问系统的任何人都可以看到每个事务及其相关值。

区块链上每个节点都有一个唯一的地址可用于标识自己。用户可以选择保持匿名或向他人提供对应的地址信息以证明自己的身份。

12.1.4 链上记录的不可逆性

一旦交易被记录在区块链上，并且得到个各节点的确认，就不能被更改了，因为它们链接到了之前的每一笔交易记录(因此被称为"链")。区块链通过算法确保链上的记录是永久保存且按时间顺序排列的，并且可供网络中的所有其他人查看。

12.1.5 计算逻辑

分布式账本的特性意味着区块链交易可以与计算逻辑相关联。因此，用户可以设置自动触发节点之间交易的算法规则。

12.2 公有链与私有链

私有链提供的好处包括：更快的交易验证和网络通信、修复错误和反向交易能力，以及限制访问和减少外来攻击的能力。私有链运营商还可以选择单方面进行某些用户不同意的改变。为了确保私有链系统的安全性和实用性，运营商无须过多考虑那些不同意系统规则变化的用户的需求。相反致力于维护公有链系统（如比特币）的开发人员则仍然依赖用户采用他们提出的任何变更。这有助于确保只有符合整个系统利益的变更才会被采纳。

私有链的优势为快速交易、交易可逆转以及对交易验证的集中控制。那些受益于广泛参与、透明和第三方验证的系统将会在公有链上蓬勃发展。

12.3 物联网中应用区块链技术面临的挑战

尽管有着各种好处，区块链在物联网中应用也面临以下的挑战（见图 12.1）。

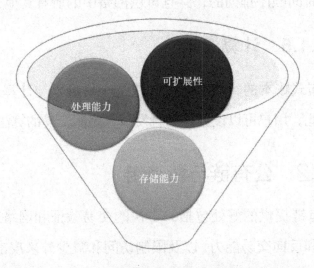

图 12.1 区块链在物联网中应用面临的挑战

可扩展性： 与区块链账本大小相关的可扩展性问题可能会导致中心化，因为账本上的交易记录随着时间的推移在不断增长，需要某种能有效压缩交易记录的方法来解决这一问题。这也为区块链技术的未来蒙上了阴影。

处理能力： 物联网生态系统的多样性（由具有非常不同计算能力的设备组成），导致并非所有设备都能够运行相同的加密算法。因此，使基于区块链的物联网生态系统中涉及的所有对象以理想的速度运行加密算法是一件困难的事情。

存储能力： 区块链消除了中央服务器存储设备 ID 的需要，但是所有的链上交易记录都必须存储在节点上。随着时间的推移，链上交易记录所占用的存储空间会不断增多，并将超出大多数智能设备 (如传感器) 的存储能力。

12.4　在物联网中应用区块链技术的风险

毫无疑问，任何新的技术都伴随有新的风险。企业的风险管理团队应当分析、评估和设计风险缓解计划，以应对区块链技术方案实施过程中可能出现的风险（见图 12.2）。

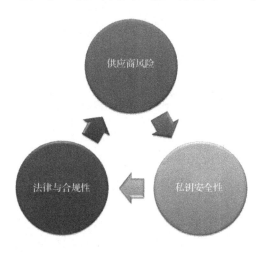

图 12.2　在物联网中应用区块链技术的风险

供应商风险：实际上，目前大多数企业都缺乏必要的技术能力和专业知识来设计和部署基于区块链的系统。鉴于区块链即服务市场仍然处于发展的早期阶段，企业应该精心挑选能够完美解决相关问题的供应商。

私钥安全性：尽管区块链以其较高的安全性而著称，但基于区块链的系统仅与系统的接入点安全级别相当。在设计基于公有链的系统时，任何有权访问给定用户私钥的人都能够在链上"签署"交易。因为当前大多数系统并不进行针对用户的多重认证。此外，私钥丢失可能导致用户失去对链上资产的控制权，设计人员应该仔细评估这种风险。

法律与合规性：这是一个全新的领域，没有太多法律或合规先例可遵循，这给物联网设备制造商和服务提供商带来了许多问题。单凭这一点就能使许多企业放弃使用区块链技术。

第 13 章
物联网与拒绝服务攻击

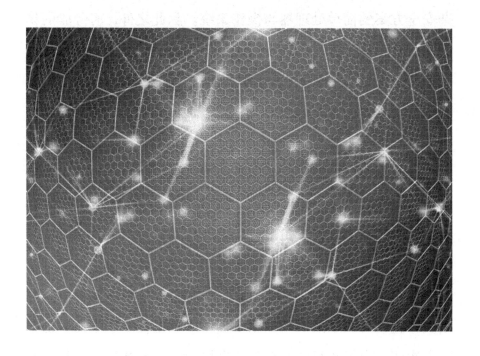

欢迎来到物联网的世界，这里有大量的设备接入到互联网，并产出大量数据。分析和使用这些数据将对我们的生活产生真正积极的影响。但我们离达到最终的目标还有很长的路要走。从大量缺乏统一平台的设备开始，严重的安全标准问题正在威胁着物联网的应用。

物联网设备、平台和操作系统，甚至其所连接的系统为物联网带来了广泛的安全风险。我们需要新的安全技术来保护物联网设备和平台免受黑客的攻击（例如拒绝服务攻击）。物联网的安全问题将会是复杂的，因为许多设备都在使用不支持复杂安全方案的简单处理器与操作系统。除此之外，有经验的物联网安全专家和有效的安全解决方案也很少。高德纳咨询公司的琼斯先生表示，随着黑客不断发现攻击物联网设备与协议的新方法，到 2021 年新的威胁还将会出现。因此长期使用的物联网设备就需要可更新的软硬件才能在其生命周期内应对这种威胁。

2016 年 10 月 21 日，美国各地遭受了大范围的拒绝服务攻击，像 Twitter、Netflix 与 Paypal 的服务器也都受到了严重的影响。这是一起大规模攻击事件，其牵扯到数百万互联网设备与许多恶意软件。一位当时的受害者表示攻击的流量中一部分来自被 Miral 僵尸网络控制的设备。此次攻击是在不断加剧的网络安全担忧与安全漏洞的数量不断增多的前提下发生的。初步研究表明，有无数日常开启的物联网设备，比如摄像头与其他智能家居设备都曾被恶意软件劫持并用于黑客攻击服务器。

黑客会在网络上搜索那些密码的安全级别只略高于用出厂默认用户名和密码的设备，然后将这些设备加入攻击列表，一起向在线目标发起拒绝服务攻击，直到被攻击目标无法正常服务合法访问的用户为止。

这次攻击如此有趣的原因在于被劫持的部分设备是已经联网的物联网设备。在这种情况下，攻击者可能是数字视频记录仪、机顶盒或网络摄像头。所有这些设备都"兼职"成了黑客控制下的"僵尸"，一起向个人站点，甚至是互联网公司的网站发起攻击。

考虑到物联网的发展趋势，这只是对未来黑客攻击方式的一种设想。高德纳咨询公司预计 2020 年全球将会有 200 亿台设备接入到互联网。也就是说，200 亿个新的"帮凶"可供黑客用来攻击对互联网公司至关重要的服务器。除了连接设备数量的激增之外，近期攻击还呈现出越来越强的复杂性与系统性。

13.1 安全不是唯一的问题

国际互联网协会（ISOC）对物联网的全面研究揭示了以下将对物联网产生影响的关键问题。

13.1.1 安全担忧

由于市面上有如此多互相连接的设备，且在不久的将来还会越来越多。安全策略不能只被当作一个事后的补救措施。以下是物联网设备一些常见的问题。

◆ 有些设备比其他的更安全。

◆ 物联网设备缺乏更新。

◆ 存在通信安全问题。

◆ 缺少消费者教育。

若物联网设备的安全性不足，黑客将会使用它们作为入口来对网络中的其他设备造成伤害。这将导致个人数据被公开泄露，整个物联网连接的设备与它们的使用者之间的信任关系将会恶化。

为了避免这种情况的出现，确保物联网的安全性和可靠性至关重要。安全性得到保障才可促进全球用户扩大对物联网设备的使用。

物联网的安全性是如此之重要，以至于高德纳咨询公司在2015 年曾给出了一些令人震惊的数据。

◆ 至 2016 年，全球物联网安全领域的支出将达到 3.48 亿美元，比 2015 年增长 23.8%。

◆ 至 2018 年，超过 50% 的物联网设备制造商将无法应对弱验证问题所带来的安全威胁。

◆ 至 2020 年，超过 25% 可识别的黑客攻击将会涉及物联网设备，尽管物联网所占的安全预算仅占整个互联网安全预算的 10%。

13.1.2　隐私问题

随着设备不断接入到互联网，政府与私人机构跟踪和监视人们的可能性也在增加。

某些设备会在未经许可的情况下收集用户数据，并对其进行分析。部分物联网设备的社交属性使得人们对它们收集数据这一事实不会感到奇怪，也并不了解这在将来会对自身所产生的负面影响。

13.1.3　互操作标准问题

在理想环境中，信息交互应当可发生于所有互相连接的物联网设备之间。但现实当中的情况却更加复杂，且要取决于这些不同设备之间所采用的各种级别的通信协议。

生产商研发符合行业标准的物联网设备时需要投入大量的资金与时间来创建与所有物联网设备通用的标准化协议，否则将会影响应用于不同垂直行业的物联网产品的部署。

13.1.4　法律监管与权力问题

目前还没有具体的法律可以对世界各地不同的物联网中出现的问题均有效。互相连接的设备引发了许多安全问题，且没有成熟的法律条文应对此类风险。

问题在于当前的法律是否会扩展其适用范围以解决不间断联网设备带来的安全问题。另外，物联网设备的管理当中往往涉及复杂的权责归属问题。

13.1.5　在新兴经济体中的普及

物联网为世界各地的社会发展提供了一个非常好的契机。互联网将在发展中国家的各个阶层之间迅速得到普及，同时随着微处理器和传感器成本的降低，低收入家庭也可以用上更多的物联网设备。

13.2　未来如何防止物联网被攻击

如果我们希望有效对抗这种不断增长的威胁，那么以下 4 件事情需要努力去改变。

第一，我们需要改变之前的一些习惯，例如不使用设备默认的出厂密码，并禁用对设备的所有远程访问。

第二，行业领导者需要优先考虑数字空间的安全性与可扩展性。在考虑整体战略时，无论是企业还是政府，网络安全性与可扩展性都必须作为一个关键问题来对待。

第三，我们需要试着在物联网部署中给予安全性以更高的优先级。最好一开始就确保将安全性融入技术研发之中，比如，可信安全芯片就是迈向这一正确方向的重要一步。

第四，创新者与监管机构共同合作，调整激励机制以对物联网的安全性提供有力支持。

第四部分

区块链、人工智能、雾计算与物联网的融合发展趋势

第 14 章

为什么需要雾计算

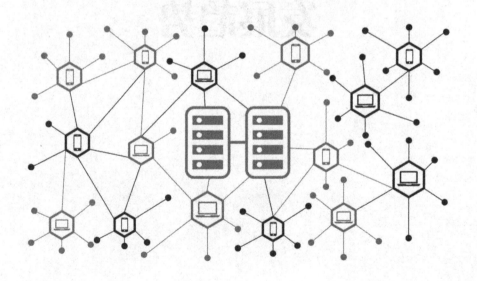

物联网是最热门的科技领域之一，其包含我们认为的所有重要技术：大数据分析、云计算与雾计算等。

14.1 面临的挑战

物联网通过智能设备渗透到每个家庭、车辆和工作场所，将会把连接带到人们生活的方方面面。随着每件日常用品，比如家里和办公室的灯、门、衣服和其他用品都接入到互联网，其会对当前的互联网基础设施施以巨大的压力。

目前流行的方法是将数据处理集中在云端，从而降低成本并提高应用程序的安全性。但由于要从全球分布的数据源接收大量的输入数据，这种中心化的数据处理方式需要更多的备份。此外，大多数企业的数据会被先推送到云端进行存储和分析，之后作出决策并采取行动。这样做的效率并不高。为了提高效率，在物联网中需要以智能的方式处理一些数据，特别是敏感数据，且在需要快速决策的情况下这种需求就更强烈。

为了说明对某种数据进行智能处理的必要性，国际数据公司（IDC）预测未来在物理上接近物联网设备处分析的数据量将接近 40%。这也说明此类需求迫切需要一种不同的解决方案来满足。

14.2 解决方案

为了应对这一挑战，雾计算应运而生。

雾计算具有如下特点。

◆ 可分析网络边缘对时间最为敏感的数据，且更靠近数据生成的位置，而不是将大量物联网数据发送至云端。

◆ 根据设计其可以毫秒为单位分析物联网产生的数据。

◆ 只将特定的数据发送至云端进行历史分析和长期存储。

14.3　使用雾计算的好处

◆ 最小化延迟。

◆ 节省网络带宽。

◆ 解决网络各层的安全问题。

◆ 运行可靠，支持快速决策。

◆ 可有效收集和保护各种数据。

◆ 可将数据转移至最佳位置进行处理。

◆ 仅在需要时使用高计算能力。

◆ 可对本地数据更好地进行分析，发现更多有价值的信息。

　　需要明确的是，雾计算在任何情况下都并非云计算的替代品，而是与云计算结合优化资源使用效率的一种方式。它解决了许多物联网面临的挑战：输入数据的实时处理与决策，带宽与计算资源的合理使用等。另一个对雾计算有利的因素是它利用了分布式系统的优势。这种架构方式是通过制造商提高了边缘路由器和交换机的计算能力而得以实现的。

14.4　现实生活中的例子

城市的交通信号灯系统都配有智能传感器。当地球队夺得冠军后的第二天清早会有大型集会庆祝活动。随着球迷驾车进城庆祝他们球队的胜利，预计将会有大量的车辆涌入城市。随着交通状况开始变化，数据从各个交通信号灯收集过来。城市管理者开发的用于调整交通信号灯变换模式和时长的应用程序在每个边缘设备上运行。该程序会自动实时地调整信号灯，并在交通拥堵出现和消失时进行相应的调整。交通拥堵被保持在最低限度，球迷在车里花的时间更少，也就有更多的时间享受他们的"大日子"。

集会结束后，从交通信号灯系统收集到的所有数据会被送至云端进行分析，以用来支持下次预测性的分析，使得城市及时调整和改善其交通控制系统以对于未来的类似异常情况及时作出响应。此时把传感器的日常实时稳定数据流发送到云端进行存储和分析就几乎没有什么价值。城市交通控制系统可以很好地控制正常情况下的交通状况。真正有很高价值的是那些传感器收集到的偏离正常值的数据，比如球迷集会庆祝日的数据。

14.5　雾计算的落地

雾计算被看作是云计算"降至地面"的版本，其将计算扩展到附近的网关，并能有效满足各种需求。作为高德纳咨询公司的网络分析师，乔·斯科鲁帕（Joe Skrorupa）表示："大量的设备，加上物联网数据庞大的数量、传输速率和复杂的结构，给我们带来了极大的挑战，特别是在数据安全、存储与管理方面。客户端/服务器模式是物联网中实时业务流程的瓶颈所在。产品经理需要在雾计算领域提前进行布局，以更好地解决实际生产中遇到的各种问题。"

对于影响物联网未来的数据处理与回传问题，雾计算提供了一种独特的解决方案。提出这一方案的网络设备供应商使用具备工业级可靠性的路由器运行开源 Linux 操作系统来支持其设备的编程操作。通过这种方式，智能边缘网关可以处理来自物联网中无数传感器提交的数百万任务，并仅将摘要与更有价值的数据传送至云端。

14.6 雾计算与智能网关

雾计算的成功直接取决于智能网关的发展。智能网关具备一定的处理能力将会是物联网提供连续性服务的必要条件。智能网关通常应具有以下属性。

◆ 冗余。

◆ 安全。

◆ 可监控的电源与冷却系统。

◆ 通过故障解决方案来确保最长的正常运行时间。

根据高德纳咨询公司的预测，有些情况中每小时的停机时间可以让企业损失高达 30 万美元。部署速度、可扩展性以及有限资源的易管理性都是物联网落地时需要解决的主要问题。

14.7　结论

把数据的智能处理转移到物联网的边缘，会增加维护这些智能网关与其云端服务器通信的成本。当物联网提供允许人们管理其日常生活的服务时，如何避免物联网中的网关停机将会变成一个关键问题。此外，保护智能网关的弹性与准备充足的故障解决方案也将会变得更加重要。

第 15 章

人工智能是物联网的催化剂

　　世界各地的企业正在迅速利用物联网来创造新的产品和服务，从而开辟新的商业模式。由此带来的转变开启了一个新的时代。然而，利用物联网只是故事的一部分。

　　为了让企业充分发挥物联网的潜力，他们需要将物联网与快速发展的人工智能技术结合起来，从而使"智能机器"能够拥有智能行为，并在很少或没有人为干预的情况下作出明智的决策。

　　人工智能和物联网被认为是颠覆业务模式的驱动因素。但是，这两个术语到底意味着什么，它们之间的关系又是什么？让我们首先给它们下个定义。

　　物联网被定义为由相互连接的物理对象、传感器、虚拟对象、人员、服务、平台和网络组成的系统。物联网应用例子包括智慧农业、智能家居、智能交通、远程患者监控和无人驾驶等。总之，物联网是从环境中收集和交换信息的网络。

　　物联网有时被业内人士称为第四次工业革命的推动者，因为它引发了相关领域广泛的技术变革。高德纳咨询公司曾预测到 2022 年全球将有 300 亿台联网设备投入使用，但最近的预测显示，2022 年这一数字将超过 500 亿台。其他报告也预测了各个行业将实现巨大的增长，例如估计到 2020 年医疗物联网的市场约为 1170 亿美元，并预测在同一年将有 2.5 亿辆联网汽车上路。物联网的发展为许多企业带来了令人兴奋的机会，也让我们的生活变得更加轻松惬意，同时还提高了许多企业的生产效率。

　　另一方面，人工智能更像是一个强劲的引擎（或"大脑"），它能够根据物联网收集的数据进行分析和决策。换句话说，物联网收集数据，人工智能处理这些数据并使其具有意义。

　　随着更多联网设备的出现，更多数据可为企业提供惊人的洞察力，但也对如何分析这些数据提出了新的挑战。仅收集这些数据对任何人都没有好处，除非有办法理解所有这些数据中隐含的价值。这就是人工智能的用武之地了。

　　通过将人工智能的分析能力应用于物联网数据，企业可以识别和理解收集来的所有数据，并作出更明智的决策。这为企业带来了各种好处，如智能自动化和提供高度个性化的产品体验。它还使我们能够找到联网设备更好地进行协同工作的方法，并使这些系统更易于使用。

　　这反过来又促使了更高的采用率。我们需要提高人工智能分析数据的速度和准确性，以确保物联网实现其承诺的愿景。收集数据是一回事，但对数据进行排序、分析和理解却是另外一回事。这就是为什么当物联网开始渗透到我们生活的方方面面时，为了跟上其正在收集大量数据的速度，而去开发更快、更精确人工智能的重要原因了。

15.1　物联网数据使用实例

　　◆ 帮助城市预测交通事故和潜在的犯罪的行为。

◆ 让医生实时了解心脏起搏器或生物芯片的运行情况。

◆ 通过对设备和机器进行预测性维护来提升各个行业的
生产效率。

◆ 使用联网设备创建真正的智能家居系统。

◆ 提供自动驾驶汽车供消费者使用。

即使在减少了数据样本量的情况下，人类也根本无法用传统的方法审视和理解所有这些数据。最大的问题是如何分析所有这些设备产生的大量的相关数据，而后从海量数据中发现有价值的信息。这无疑是一项真正的挑战。那么，我们确实需要数据科学家的帮助。

为了能够充分利用物联网提供的数据，我们需要改进以下两种能力。

◆ 大数据分析的速度。

◆ 大数据分析的准确性。

15.2　物联网应用中的人工智能技术

人工智能技术可提高物联网解决实际问题的效率。

◆ 视觉大数据分析将允许计算机更深入地了解屏幕上的图像。人们将使用新的人工智能应用程序来理解图像上的信息。

◆ 认知系统将创建新的食谱以吸引用户的味觉，甚至可为每个人创建个性化的菜单，并自动优先选取来自当地的食材。

◆ 新的传感器将允许计算机"收听"有关用户环境中的声音信息。

◆ 智能仓库中的工人将不再需要在仓库内四处行走以从货架上拣货来完成订单。相反，货架在小机器人平台的引导下，可以在仓库内快速移动，从而将库存的商品运送到正确的地点。订单的交付将因此变得更快、更安全、更高效。

◆ 通过预测性维护可使企业在故障发生之前及时对设备进行维护，从而节省大量的费用。

这些只是人工智能在物联网中一些创新的应用。高度个性化的服务将极大地改变人们的生活方式，其潜力是无穷无尽的。

15.3 物联网中应用人工智能技术面临的挑战

人工智能在物联网中应用面临的挑战可以归结为以下几点（见图 15.1）。

◆ 兼容性：物联网是许多部件和系统的集合，它们在时间和空间上有着很大的不同。

◆ 复杂性：物联网具有许多移动部件和不间断的数据流，这使其成为一个非常复杂的生态系统。

◆ 隐私 / 安全 / 防护：这几个因素始终是每项新技术均需面对的问题。人工智能在不影响这几个因素的情况下可以提供多大的帮助？解决这类问题的一个新方法是使用区块链技术。

◆ 道德和法律问题：对于许多企业来说，这是一个全新的领域，没有先例，同时也是一个未经检验的领域。

◆ 人工愚蠢：某些场景中，人工智能仍然需要更多"训练"才能准确理解人类的需求。

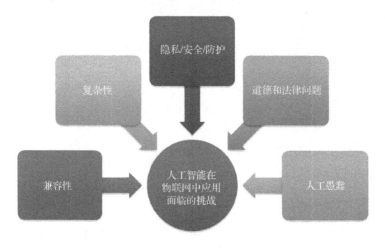

图 15.1 人工智能在物联网中应用面临的挑战

15.4 结论

虽然物联网令人印象深刻，但如果没有一个好的人工智能系统，物联网真的不算什么。这两种技术都需要达到较高的发展水平，才能像我们认为的那样完美地运作。科学家们正在试图找到开发更智能数据分析软件和设备的方法，以建立安全有效的物联网。这可能需要一段时间才能实现，因为目前看来人工智能的发展尚落后于物联网。

将人工智能集成到物联网正在成为当今物联网生态系统成功的先决条件。因此，企业必须迅速采取行动，以确定如何通过将人工智能和物联网结合来提升自身产品与服务的价值。

第五部分
物联网的未来

第 16 章

物联网、人工智能和区块链：
数字化转型的催化剂

数字化转型带来了一种思考制造业运作方式的新方法。与物流和能源成本相关的问题正在影响商品的全球生产以及相关的分销决策。技术的重大进步，包括大数据分析、人工智能、物联网、机器人技术与增材制造（俗称 3D 打印）等正在加速改变全球制造业。作为回应，制造与分销等各环节都需要进行数字化革新：商品生产的价值链必须被重新设计，并对劳动力进行再培训。企业必须通过分析总的交付成本来决定产品在全球范围内最佳的供应、制造和装配地点。换句话说，我们需要数字化转型。

16.1　数字化转型

数字化转型会带来企业组织活动、生产流程、推广方式与商业模式的深刻转变。在整个社会快速发展的环境下，企业需要着眼于未来借助数字化转型给自身带来的机遇，实现高速成长。

数字化转型旨在为企业创造能够在未来以更快、更好、更创新的方式充分利用新技术的机遇。

数字化转型可分为不同的阶段，并涉及不同的利益相关方，将超越个体以及企业内部与外部的限制。数字化转型的路线图中设定的目标应是可动态调整的，因为整个数字化转型将会是一个不断向前演变的过程。

16.2　物联网

当今物联网应用的现实范例包括精准农业、远程病人监护与无人驾驶等。

物联网与数字化转型密切相关，其原因如下。

◆ 超过 50% 的公司认为物联网具有战略意义，25% 的公司认为它具有变革性的意义。

◆ 二者都缩短了公司的寿命——公司的平均寿命从 20 世纪 20 年代的 67 年缩短到今天的 15 年。

◆ 三分之一的行业领导者将会被数字化转型打乱自身的发展节奏。

◆ 二者都使企业能够与开放数字生态中的客户与合作伙伴建立联系、分享有价值的信息、协同开发新的解决方案并分享所创造的价值。

◆ 竞争对手正在积极加大向物联网领域的投入。

◆ 消费者对数字产品和服务的需求正在增长。

◆ 企业被数据和数字资产所淹没，已经较难管理自己的数据和数字资产。同时物联网又会以指数增长的方式扩大企业获取数据的数量。企业需要在大量的数据流中寻找有价值的信息，并妥善管理自己的数字资产。

◆ 二者都驱动消费。数字服务可以很容易证明自身的价值。捆绑有数字服务和内容的产品使得消费者可以更容易地使用它们。

◆ 二者都可使公司更加了解客户。公司通过整合渠道，使用预测性分析等技术，可更好地预测并满足客户的需求，进而提高客户的忠诚度。

16.3 人工智能

数字化转型是一个复杂的过程，物联网与区块链和人工智能的集成使这一过程变得容易了许多。考虑到任何给定业务流程中涉及的合作伙伴（内部、外部或者二者都有）的数量，可以让多个参与方在无人干预的情况下安全地进行通信、协作与交易的系统将是非常灵活和高效的。

拥抱数字化转型的企业将能够有更一致的工作流程、更精简的运营体系，并能够为客户提供更好的用户体验与更多的增值服务，同时获得明显的竞争优势与差异化优势。

区块链可以管理共享同样数据源的参与者间的协作关系，比如确保金融领域每一条交易的安全性，以及参与方是否遵守政府法规与内部的流程等。区块链技术可在增强系统一致性与效率的同时，降低系统的风险。

人工智能可以帮助企业加快创新的步伐，使企业更加贴近客户，并提高员工的工作效率。

16.4 结论

物联网不仅连接设备，也连接人。区块链将确保点对点交互的安全性，同时通过使用人工智能技术将会让物联网走向智能化。一个重要的步骤是与最好的合作伙伴合作，强化认知，让你的团队适应这一转型的过程。物联网、人工智能和区块链的有机结合，将有助于数字转型的落地。

第 17 章

物联网的未来发展趋势

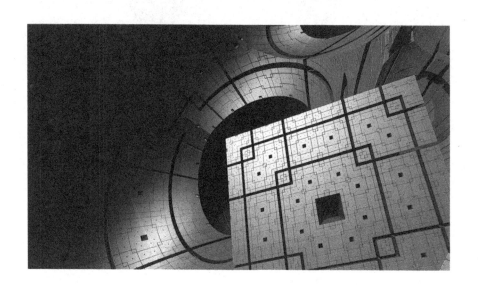

物联网技术在以惊人的速度发展。目前，物联网市场预计有 3440 亿美元之大，同时还会为企业降低 1770 亿美元的经营成本。物联网和智能设备已经在不断提高全球主要工厂的相关生产性能指标，并将生产率水平提高 40% ～ 60%。

物联网会在各个方向都有巨大的增长空间，以下是我们预测的 8 个未来几年物联网的主要发展趋势（见图 17.1）。

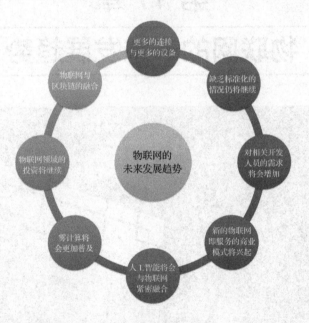

图 17.1　物联网的未来发展趋势

17.1　趋势 1：缺乏标准化的情况仍将继续

智能设备正在迅速成为我们日常生活中必不可少的一部分。虽然物联网设备的需求量很大，但这种需求会是一个缓慢增长的过程，其主要原因就是目前的物联网缺乏标准化。

尽管行业领导者正在试图制定特定标准并摆脱分裂的局面，但缺乏标准化的情况仍将存在一段时间。近些年物联网不会有明确的标准能够参照。除非像电气和电子工程师协会（IEEE）这种备受尊敬的组织介入并引领各个参与方达成共识制定统一的标准，或是政府对于不使用统一标准的公司施加商业上的限制。

物联网标准化所面临的障碍可以被分为 4 个因素：平台、连通性、商业模式与杀手级应用。这 4 个因素都是相互关联的，缺少任意一个都会减缓标准化进程。这个过程需要做很多工作，许多公司将参与其中的一个领域。把它们带到谈判桌上，就使用一个统一标准达成一致将会是一项艰巨的任务。

17.2　趋势 2：更多的连接与更多的设备

物联网在过去 3 年中发展迅速，目前已有数百亿台设备接入了物联网。随着消费者在物联网领域的需求进一步增多，接入物联网的设备的数量会呈指数级增长。预计到 2021 年接入物联网的设备将会高达 460 亿台。更多的物联网设备将比以往带来更大的规模效应，这也清晰地表明我们对物联网应用的依赖性。

随着物联网的不断扩展，我们必定会看到在工业和面向消

费者市场等不同领域接入到物联网的设备不断增多。智能化的
终端设备将成为人们生活中不可或缺的一部分。

17.3　趋势 3：物联网与区块链的融合

与大多数技术一样，安全性将会是物联网需要解决的主要
挑战之一。随着物联网的普及，智能的终端设备非常容易成为
黑客的攻击目标。Evans Data 公司的研究显示，92% 的物联网
开发人员表示未来安全性依旧会是一个比较棘手的问题。消费
者不止需要担心智能手机的安全性，还需关注其他的设备比如
婴儿监视器、带有 Wi-Fi 的汽车、可穿戴设备和智能医疗设备
等的安全性。

区块链技术是解决物联网安全问题的"新希望"。以区块
链技术为基础的去中心化的应用架构思路可以很好地降低因单
点故障而导致整个网络无法使用的概率，同时也使网络的可扩
展性与健壮性得到大幅提升。

区块链可为物联网提供一个安全、高效和透明的多方信任
环境。来自物联网中的实时数据可以在其上进行传输，同时还
可保护所有参与方的隐私。

区块链的一大优势在于它是公开的。参与的每个人都可以
看到存储在区块中的交易信息，但这并不意味着每个人都可以
修改某一具体交易的实际内容。

区块链是去中心化的，所以没有一个单一的节点可以批准交易，或是设定特定的规则来接受交易。这意味着人们可以信任区块链上的交易数据。网络中的所有参与者必须通过达成共识的方式来共同批准交易。

最重要的一点是它是安全的。区块链只能被扩展，之前的交易记录无法被更改（如果有人想更改以前的交易记录，付出的成本会非常之高）。

在未来几年，对于区块链技术关注度的提升，将使得区块链技术应用于物联网设备与服务成为制造商与供应商下一个关注的热点。

17.4　趋势 4：物联网领域的投资将继续

国际数据公司（IDC）预计 2021 年物联网领域的市场将会达到 1.4 万亿美元。这与各个公司继续投资物联网硬件、软件和服务的事实相符。几乎每个行业都会受到物联网的影响，这意味着许多公司将会从其中受益。到 2021 年，消费者在物联网中最大的支出类别仍将会是硬件，但预计很快将会被快速增长的服务类支出所取代。类似的软件服务类支出将由包括移动 APP 在内的应用程序所主导。

无可否认物联网将会继续吸引更多的风险资本去投资那些有高度创新性的项目。它是少数几个大多数风险投资公司同时感兴趣的市场之一。

17.5 趋势 5：雾计算将会更加普及

雾计算允许通过位于边缘的物联网设备进行计算、决策和采取行动，并仅仅将相关数据推送到云端服务器。

使用雾计算带来的好处对物联网解决方案供应商非常有吸引力，其中包括最小化延迟，节省带宽，支持快速决策，收集和保护大范围内的数据，且可将数据移至最佳的地点进行处理等。

17.6 趋势 6：人工智能将会与物联网紧密融合

随着物联网与人工智能的融合，从电梯智能维护到智能家居的各种应用将会在未来几年内快速发展。平台与服务供应商会越来越多地提供集成分析解决方案，以将数据直接提交给人工智能算法进行分析。使用人工智能技术的另一个重要优势是可以更好地支持物联网设备中相关流程的优化与调整。

17.7 趋势 7：新的物联网即服务的商业模式将兴起

在大数据和人工智能工具的支持下，商业模式的转换将在许多物联网垂直市场中开始出现。这些新模式的价值在于为最终用户提供更加便利的服务（按照需求来投入，无须大量的前期投入）。

物联网业务模式转型的潜力尤胜于此，其包括了越来越多更加复杂的服务型业务模式。这些业务模式重塑了现有的许多行业，尤其是重工业及物流等。对于这些行业，物联网解决方案可以为技术供应商和最终用户提供更大程度上可持续的服务。

17.8 趋势 8：对相关开发人员的需求将会增加

动态数据共享是物联网的核心，大数据分析则将有助于构建及时响应的应用程序。将物联网数据与人工智能相结合即可按需检索分析有价值的数据。对于熟悉大数据和人工智能的开发人员的需求将会增加。现在多数物联网服务供应商已经强调了对此类开发人员的需求。

第六部分
深入了解区块链

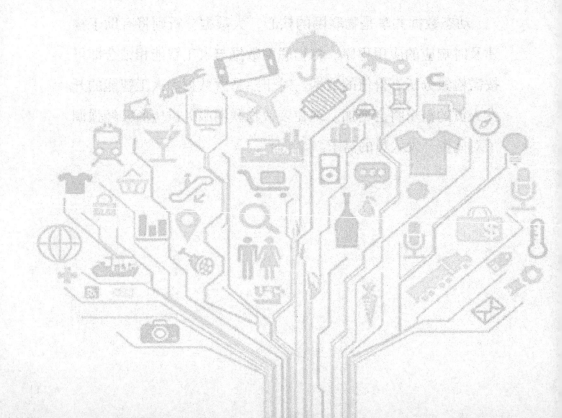

第 18 章

对区块链技术的误解

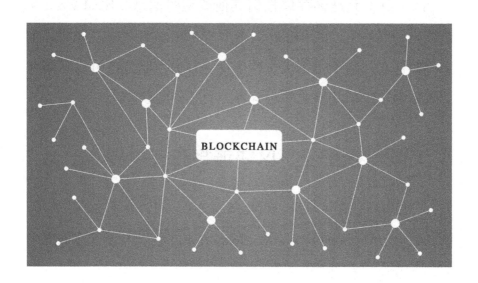

诚然，区块链技术有很多可应用的领域，但人们对其也还存在许多误解与混淆的地方。

18.1 误解 1：区块链是一个神奇的云端数据库

区块链从概念上讲是一个记录简单交易的线性列表。此列表只可往上添加交易信息，其上的交易记录永远不可被删除，整个列表会无限增长，并且必须在对等网络的每个节点中复制。

区块链不允许你存储任何其他类型的信息，比如 Word 文档或是 pdf 文件。它只能提供一个"存在证明"用以证明某个文档的存在，而不是给出文档本身。然而，该文件可以存储在"数据湖"中，并由文件所有者控制其访问权限。

18.2 误解 2：区块链将改变世界

我们可以使用区块链进行复杂的交易，例如验证钻石的真伪，或者确认一个人的身份，其在削减成本和加快交易速度方面也是非常有用的。

虽然区块链可以支持这些场景，并降低欺诈者篡改账本的风险，但它并不能根除网络欺诈。此外，与维护传统的数据库相比，使用区块链技术在许多情况下仍然是低效的。

18.3 误解 3：区块链是免费的

尽管人们普遍持有"区块链是免费的"这种看法，但实际上区块链既不免费也不高效。它涉及多个计算机通过运行某种算法以达成最终不可篡改的结果的过程。区块链中的每一个区块通常都需要消耗大量的运算才可生成，而且有人需要为支持区块链服务的所有计算机支付电费。

18.4 误解 4：只有一条区块链

当下有很多不同的技术都被称为区块链，包括开放源代码的公有链和不开放代码的私有链，它们一般都是针对特定的解决方案进行定制的产物。

它们的共同点是都使用加密技术作为支撑、采用分布式架构，并具有某种共识算法。比特币、以太坊、Hyperledger、Corda以及 IBM 与微软的区块链即服务都可以归为分布式账本技术。

18.5 误解 5：区块链可以用于任何事物

尽管区块链的作用很强大，但它并不神奇。对许多人来说，区块链创造的信任是基于数学证明而非政府部门的背书。在一些开发人员的心目中，区块链和智能合约将会取代律师和其他仲裁机构。然而，区块链技术尚处于非常早期的发展阶段，远未成为主流。

18.6 误解 6：区块链可以成为全球经济的 重要支柱

区块链支持者希望区块链能够为几十上百种加密且受信任的通证提供基础技术支持。目前，围绕比特币已经形成了一个独立的创新生态。然而，美国高德纳咨询公司最近的一份报告称，随着比特币链上产生的交易记录日益增加，这种情况可能会发生变化。

18.7 误解 7：区块链账本是锁定且不可 修改的

类似的交易数据如银行中的交易记录，本质上是私有的，并只与特定的金融机构共享。当然，区块链的特点在于代码是公开的，交易是可验证的。因为参与挖矿的矿工会得到挖矿激励，所以人们普遍认为，改写历史交易记录并不符合参与者自身的利益。这只能表明修改区块链账本的成本较高，而非表明其绝对不可修改。

18.8 误解 8：区块链上的记录永远不会 被黑客攻击或篡改

区块链的主要卖点之一就是其所记录信息固有的持久性和

透明性。当人们听到这两点通常会认为这意味着区块链面对外部攻击时是无懈可击的。任何系统或数据库都不会是完全安全的，只能说参与的节点越多，节点的分布越广泛，整个区块链系统就被认为越安全。

18.9　误解 9：区块链只能用于金融领域

虽然区块链拥有在众多领域应用的潜力，但是金融毫无疑问是其中最为重要的一个。区块链最初在金融领域备受重视，是因为它的第一个应用——比特币直接影响了这个领域。这一技术给金融行业带来了重大挑战，促使高盛与巴克莱银行等传统金融机构大举投入区块链技术的研究与应用。在金融领域之外，区块链可以并且将被用于房地产、医疗甚至可用于为个人创造一个数字身份。未来个人能够在区块链上存储自身基因组数据，并通过对制药公司提供访问权限以换取报酬。

18.10　误解 10：区块链就是比特币

由于比特币比其底层技术——区块链更为出名，很多人都把二者搞混淆了。区块链是一种技术，它允许点对点的交易被记录在分布式账本上。这些交易被存储在区块中，且每个区块都与前一个区块相连接，因此创建了一条链。在区块链上，一切都是透明和不可篡改的。

比特币是一种通证，它使得两个人之间可以直接进行电子支付，而不需要通过像银行那样的第三方。

18.11 误解 11: 区块链只可以被大公司使用

区块链专家相信，这项技术将会像 20 世纪 90 年代早期的互联网一样改变世界。它不仅对大公司开放，同时也对每个想参与其中的个体开放。

如果只需要连接互联网就可以使用区块链，那我们可以轻易想象到世界上有多少人能因此而参与其中。

18.12 误解 12: 智能合约与普通合同具备相同的法律效力

目前，智能合约只是在满足某些条件时自动执行操作的代码片段。因此，从法律角度来看，它们并不能被视为常规合同。然而，它们可以被用来证明某个任务是否已经完成。尽管智能合约不具备普通合同的法律效力，但它仍是一个非常强大的工具。

第 19 章

物联网安全与区块链

现在很少会从媒体上看到关于网络犯罪的新闻，但其威胁在全球范围内确实是在不断增长的。没有人可以对针对计算机网络、物联网基础设施与个人计算机设备的恶意网络攻击行为完全免疫。准确衡量网络犯罪的规模仍然是个棘手的问题。但我们可以肯定的是，这一数字会很大，而且很可能比统计数据所显示的更大。

每年全球范围内因网络犯罪造成的损失换算成美元高达2000亿。白宫经济顾问委员会在2018年2月的一份报告中称2016年网络犯罪活动致使美国遭受了570亿到1090亿美元的经济损失。

新的区块链平台正在加紧解决由网络犯罪活动带来的诸多棘手的安全问题。由于这些平台并不受单一实体控制，因此它们可以缓解民众对近期一系列网络犯罪事件的担忧。由于区块链独有的透明性，建立在其上的服务有可能重新激发民众对互联网的信任感。

区块链的发展已经扩展到保存通证交易记录之外的许多领域。许多应用程序的开发已经整合了区块链中的智能合约技术，其中也包括许多网络安全领域的应用程序。

通过使用区块链，网络中交易的详细信息可以保持透明和可信。去中心化和分布式的区块链网络还可以帮助企业避免单点故障，使得恶意攻击方难以窃取或是篡改企业的商业数据。

区块链上的交易可以被审核和追踪。此外，公有链运行在分布式网络当中，从而消除了单点控制。对于攻击者而言，相对于中心化的数据中心，攻击分布于全球的大量节点要困难很多。

19.1　用区块链技术保障物联网的安全

区块链系统在分布式账本和加密技术的帮助下得以确保其安全性，因此黑客攻击和操控它会变得十分困难。区块链通过在多个节点上存储账本数据，而不是将其存储于单一网络节点上来实现去中心化。这使得技术人员可以专注于应用所收集数据，而不用担心数据被盗或被篡改。

想要渗透入区块链系统，攻击者必须侵入网络中的每个节点来操纵存储在区块链上的数据。这对于任何攻击者来说肯定都不是一件容易的事。

19.2　用区块链技术保障物联网安全的优势

区块链技术保障物联网安全的主要优势（见图 19.1）如下。

19.2.1　去中心化

区块链采用点对点通信，无须第三方验证，而且任何用户都可以查看到区块链网络上的任何一笔交易。

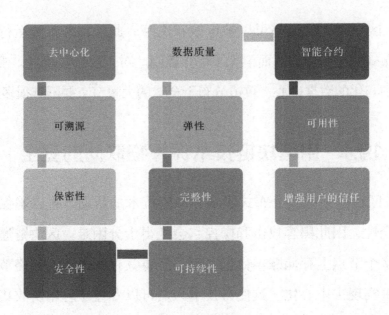

图 19.1　区块链技术在保障物联网安全中的主要优势

19.2.2　可溯源

区块链上的所有交易都具备数字签名和时间戳，因此用户可以在任意时刻轻松追踪任意交易的历史记录。

19.2.3　保密性

因为使用公钥对用户进行身份验证并加密其交易，所以用户信息的保密性很高。

19.2.4　安全性

由于分布式共识过程的存在，恶意的攻击行为很容易被发现。区块链在技术上被认为是"无法攻破"的，攻击者只能通过控制 51% 的网络节点来影响整个网络。

19.2.5　可持续性

区块链可避免单点故障，这意味着即便是部分节点在遭受攻击的情况下，整个系统仍然可以正常运行。

19.2.6　完整性

区块链可以确保数据不遭到修改或是破坏。此外，该技术可以确保已完成交易的真实性与不可逆转性。

19.2.7　弹性

区块链的分布式特性确保即便是某些节点离线或是遭受攻击，整个区块链网络依旧可以正常运行。

19.2.8　数据质量

区块链技术无法提高上链数据自身的质量，但可以确保数据在上链后不可被篡改。

19.2.9　智能合约

区块链技术可以显著提升智能合约的应用领域，因为它可以最大限度地减少网络攻击与漏洞所带来的风险。

19.2.10　可用性

无须把所有敏感数据都存储在一个位置，区块链技术允许你拥有自己数据的多个副本。

19.2.11　增强用户的信任

如果能够保证高级别的数据安全性，你的用户将会更加信任你。

19.3　用区块链技术保障物联网安全的劣势

用区块链技术保障物联网安全的劣势如下图所示。

图 19.2　区块链技术在保障物联网安全中的劣势

19.3.1　不可逆性

如果用户丢失或是忘记了自己的私钥，其将无法通过第三方恢复自己的私钥，同时失去对区块链中账户的控制权。

19.3.2　存储限制

以比特币为例，其每个区块只可以包含不超过 1MB 的数据，且平均每秒只能处理 7 笔交易。

19.3.3　网络遭受恶意攻击的风险

尽管区块链技术大大降低了恶意攻击的风险，但其并不能应对所有可能的网络攻击。如果攻击者设法攻破了大部分节点，你可能会失去对自己账户的控制权。

19.3.4　适应性挑战

尽管区块链技术几乎可以应用于任何商业场景，但人们在具体应用它时还是会遇到不少的困难。

19.3.5　高运营成本

维护区块链系统需要大量的计算能力，跟现有系统相比，这可能会导致较高的运营成本。

19.3.6　区块链人才短缺

目前仍然没有足够多的熟悉区块链技术，且同时对密码学有着深刻理解的开发者。

19.4　结论

区块链去中心化的网络安全解决方案可以被看作是对于互

联网行业今天所面临问题的一种全新的解决方案。市场只能用更多的解决方案来对抗网络攻击所带来的威胁。区块链的使用还有可能会限制当前已有的安全解决方案的使用。

企业需要在对抗黑客的网络攻击之前，批判性地审视自身的业务流程。

当前，区块链所能提供的新服务还比较有限，未来区块链将能帮助企业跨越国界获得全球用户的信任。

总体而言，区块链技术是网络安全领域的一项重大突破，因为它可以保证数据较高等级的隐私性、可用性以及安全性。然而，该技术的复杂性也会给开发过程带来许多困难。

此外，网络预警功能，例如安全预警、威胁建模和人工智能分析可以帮助企业主动预测网络威胁，并及时制定相应的应对措施。这就是人工智能技术被认为是网络安全的第一道防线，而区块链技术被认为是网络安全的第二道防线的原因。

第 20 章

区块链的未来发展趋势

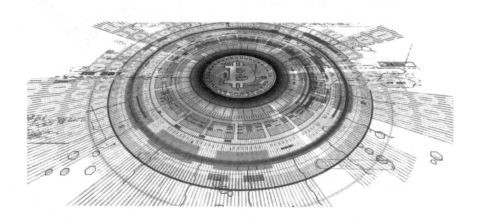

未来几年我们会看到更加落地的区块链项目。人们也将会越来越多地根据商业可行性来对区块链项目进行评估，那些不符合商业逻辑的区块链项目将会被淘汰。

20.1 区块链的主要发展方向

以下是区块链技术的三个主要的发展方向（见图20.1）。

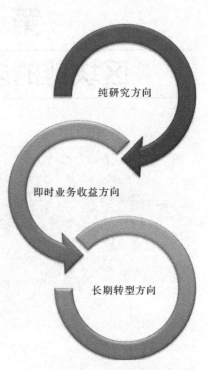

- ◆ 纯研究方向：这一方向专注于研究区块链的底层技术，其最终目标是研究与学习，并非真的交付一个区块链系统。

- ◆ 即时业务收益方向：这一方向包含学习如何使用这项颇有前途的技术，以及提供可以在真实业务环境中部署的区块链系统。

图 20.1　区块链技术的三个主要发展方向

- ◆ 长期转型方向：这通常是富有远见者会选择的一个方向。他们已认识到区块链将重塑整个行业以及相关企业的运作方式。

20.2　区块链未来的发展趋势

区块链技术未来的发展前景是十分光明的，以下趋势目前来看比较明显（见图 20.2）。

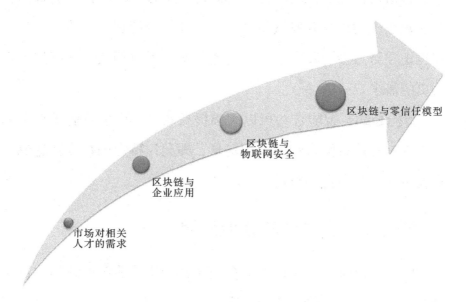

图 20.2　区块链未来的发展趋势

20.2.1　市场对相关人才的需求

熟悉区块链技术的专业人员的创业机会正在以惊人的速度增长。区块链被认为是当今最受欢迎的新技术之一，据 Upwork 称，区块链技术专家在 2017 年第三季度的自由职业技能名单中名列第二。就业数据分析公司 Burning Glass Technologies 发现 2016 年至 2017 年，将区块链作为必备技能的职位数量增加了 115%。

高速增长的需求来自以下两个方面。

通证：区块链在商业世界中变得如此重要的部分原因得益于比特币这样的通证的快速兴起。许多金融公司、技术和咨询公司甚至应用程序开发人员都对这种新技术特别感兴趣。大公司也正在努力参与其中，这同时也就增加了对相关区块链技术人员的需求。

智能合约：智能合约可以大幅提高效率。许多行业正在调研是否有支持智能合约的应用场景，即允许特定的行为在达成预设条件后立即自动执行。

20.2.2　区块链与企业应用

2018 年以来，华尔街的许多公司都希望不遗余力地加大自身对于区块链技术的研究与应用。

IBM 正在帮助华尔街的大公司创建将其相关业务转移到区块链上所需要的基础设施。微软也将区块链看作是一项革命性的技术，并正在建立基于区块链的解决方案，以使人们更容易使用区块链技术解决实际问题。这无疑会使区块链的落地速度大大加快。

20.2.3　区块链与物联网安全

颇具讽刺意味的是，2017 年开发出 WannaCry 勒索病毒的黑客勒索联邦政府时要求用比特币支付赎金。比特币是基于区块链技术开发的，如果黑客确信比特币提供了一个收赎金的安全机制，那这也就表明了基于区块链技术的分布式账本的安全性。区块链有重塑网络安全行业的潜力，只是目前网络安全行业的从业者尚未完全意识到这一点。

区块链在未来将会与物联网融合发展。在物联网的世界里，你需要从由数以百万计的传感器组成的分布式网络中收集信息。使用中心化的架构来进行这一操作是不可行的：它太慢，又昂贵。要从物联网中提取真正有价值的信息，你必须能够对其进行实时操作。一旦传感器发出的警报被控制系统收到，你必须给与及时的反馈，这在中心化的架构中是无法实现的。交易成本必须接近零或是免费，中心化的架构方式根本无法支持物联网中这些潜在的商业模式。

近期黑客通过调用低成本的物联网终端设备向网络发起了许多攻击。区块链可以在维护这些设备的安全方面发挥重要作用。

20.2.4　区块链与零知识证明技术

很快就会看到零知识证明技术的快速发展，这也意味着企业的信息系统将在用户访问特定数据集之前，有能力验证其是否真的有访问权。

零知识证明技术通过假定不再存在"可信"接口、应用程序、网络或是用户来简化信息安全的概念。它将旧的"信任但是验证"的模型反转了过来，要求遵循以下规则。

◆ 所有资源必须以安全的方式访问。

◆ 访问必须基于"验证"之上，且严格执行。

◆ 对所有访问都必须进行记录和审查。

◆ 系统必须由内到外进行设计，而不是从外到内进行设计。

20.3 写在最后的话

虽然区块链技术在高速发展当中，但在区块链领域创业的人们需要认识到区块链技术仍处于发展的早期阶段。具体该如何将区块链技术应用到商业场景当中仍需要不断探索。那些没有深入了解区块链技术，寄希望于其能彻底解决一切问题的项目开发者，最终都会走向失败。

译后记

物联网被誉为继计算机、互联网之后世界信息产业发展的第三次浪潮，但严重的安全问题及高昂的数据传输成本，成为物联网规模化发展的瓶颈。

随着 5G 网络的落地，区块链、雾计算、人工智能等技术的进一步发展，给物联网的突破性发展带来新的希望。区块链去中心化的运行机制可以有效解决物联网的信息安全、数据传输和运营成本等方面的问题。

区块链技术能确保"链上"数据不被篡改，保证这部分内容的可信度，至于上链之前源头数据的真实性和有效性，则需要依靠人工智能、雾计算等其他技术的共同协作以创造完善的解决方案。

巴纳法教授所著的《智能物联网：区块链与雾计算融合应用详解》一书，在探讨物联网的现状和未来发展趋势时，详细介绍了云计算、雾计算、人工智能等新兴技术与物联网的融合发展趋势，同时深入研究了区块链和人工智如何保障物联网的安全。通过阅读这本书，你可以快速了解最前沿的新兴技术是如何与物联网结合并加速这一产业发展的。如果对物联网行业的发展趋势感兴趣，相信阅读本书将大有裨益。

感谢人民邮电出版社编辑的邀请，白话区块链团队有幸参与本书的翻译工作。在此，我要感谢参与本书翻译的每一位译者。除封面署名的译者外，白话区块链团队的詹蓉蓉、李火华、郭三丽、吕布凡、吴杰、李雷亦参与本书的翻译与校对，感谢大家的辛苦付出。

最后，我还要感谢人民邮电出版社编辑的精心编校，没有大家精益求精的团队努力与合作，本书的中文版本不可能如此顺利地与读者见面。我们衷心地希望本书的引进，能够激发和引导大家进一步思考物联网与区块链、人工智能等新技术融合可能带来的发展机遇。

马　丹

白话区块链创始人 &CEO

2020 年 4 月底于南京